全能一本通

全彩版

互联网+计算机教育研究院 编著

人 民 邮 电 出 版 社
北 京

图书在版编目（CIP）数据

五笔打字全能一本通 : 全彩版 / 互联网+计算机教育研究院编著. -- 北京 : 人民邮电出版社, 2017.9
ISBN 978-7-115-45928-2

Ⅰ. ①五… Ⅱ. ①互… Ⅲ. ①五笔字型输入法 Ⅳ. ①TP391.14

中国版本图书馆CIP数据核字(2017)第132503号

内容提要

本书详细而全面地介绍了五笔打字的相关知识，主要内容包括五笔打字前的准备、五笔字根、汉字拆分、简码与词组输入、五笔打字的练习与测试，以及搜狗五笔输入法使用技巧等。

本书不仅图文并茂，讲解易懂，条理清晰，而且对汉字的字根拆分过程以突出的颜色加以区分，使读者对汉字的字根构成及拆分方法一目了然。在本书内容讲解中还配有“新手练习”板块，读者可以边学边练。此外，本书配有微课视频教学，只需用手机扫描书中的二维码便可观看，这对学习五笔打字的用户会有很大的帮助。

本书适合五笔打字初学者阅读，也可作为专业打字员、办公人员等学习汉字录入的指导用书。

◆ 编　　著　互联网+计算机教育研究院
　责任编辑　刘海溁
　责任印制　沈　蓉　彭志环

◆ 人民邮电出版社出版发行　北京市丰台区成寿寺路 11 号
　邮编　100164　电子邮件　315@ptpress.com.cn
　网址　http://www.ptpress.com.cn
　固安县铭成印刷有限公司印刷

◆ 开本：700×1000　1/16
　印张：5　　　　2017 年 9 月第 1 版
　字数：121 千字　　2025 年 3 月河北第 31 次印刷

定价：22.00 元

读者服务热线：(010) 81055256　印装质量热线：(010) 81055316
反盗版热线：(010) 81055315

前言

PREFACE

打字是学习和使用计算机的第一步，也是使用计算机处理文字和编辑文档的基础。相对于拼音输入法，五笔字型输入法具有低重码率的特点，该输入法不仅输入准确率高，还可以减少选字带来的麻烦，且不受方言和汉字读音的限制，熟练后可快速输入汉字。

对于大多数学习五笔的用户来说，背诵字根是一项非常耗时的任务，且不容易上手，因此学习者很容易中途放弃。实际上五笔字根并不需要死记硬背，只要根据规律进行巧记，同时结合一定的练习，就可熟练掌握。如果您还在为如何背字根和拆分汉字而一筹莫展或是为不会五笔打字而苦恼，那么本书将成为您学习五笔打字的指路明灯。

■ 本书内容及特色

本书从五笔打字初学者的角度出发，以使用目前最流行的搜狗五笔输入法为例，全面、详细地讲解了五笔字型的编码原理、字根划分、拆分原则、输入规则和练习方法，从全面性和实用性出发，让读者在最短的时间内从五笔打字初学者变为五笔打字高手。

本书具有以下几个特色。

（1）本书每章内容的安排和结构的设计，都考虑了读者的实际需要，具有实用性和条理性等特点。

（2）本书除了介绍如何学会五笔打字，还介绍了打字前的输入法安装与设置、五笔打字的练习软件以及搜狗五笔输入法的设置和使用技巧等，全方位地解决了读者学习五笔打字的难题。

（3）本书中，在讲解五笔字根、汉字拆分与输入时，所有汉字示例均采用双色效果：汉字示例中的红色部分即为拆分字根，汉字的其他部分用黑色区别显示。采用这种方式可以让读者对汉字的字根拆分过程及拆分方法一目了然。

（4）本书在讲解过程中穿插了大量“新手练习”板块，安排了适量的拆分与打字练习，可以使读者边学边练。

（5）本书正文讲解中穿插了“高手支招”小栏目，每章末还有“新手加油站”栏目，不仅解决了读者学习五笔打字过程中可能遇到的各种疑问，还能让读者学到更加全面的打字知识。

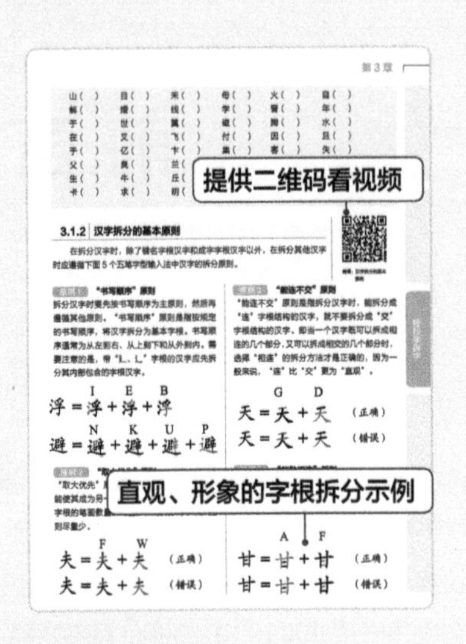

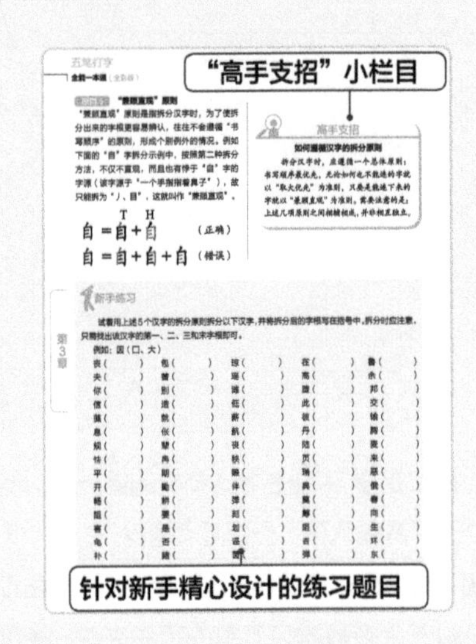

■ 相关配套资源

本书配有丰富的学习资源，读者可以登录 http://www.ryjiaoyu.com 人邮教育社区下载，以使学习更加方便、快捷，具体内容如下。

微课演示： 本书对五笔字型输入法的基础知识以及所有操作步骤均提供了微视频或图片演示，并以二维码的形式提供给读者。视频主要讲解原理或操作步骤，图片主要展示更多细节或拓展示例，读者只要扫描书中的二维码，便可以观看微视频或图片，提高学习效率。

五笔字根速查软件： 本书赠送的五笔字根速查软件，可以在计算机上运行，即时查询汉字的五笔编码，非常方便、实用。

海量相关学习资料： 为了帮助计算机基础不够扎实的读者全方位地提高计算机操作技能，本书赠送键盘使用视频、98 版五笔字型输入法教学视频、Windows 7 基础操作视频、Word 2013 基础操作视频等相关学习资料。

■ 鸣谢

本书由互联网 + 计算机教育研究院编著，参与具体编写的人员主要有李秋菊、李凤、罗勤、李星等，参与资料收集、视频录制及书稿校对、排版等工作的人员有肖庆、黄晓宇、蔡长兵、牟春花、熊春、蔡飓、曾勤、廖宵、李星、何晓琴、蔡雪梅、罗勤、张程程、李巧英等，在此一并致谢！

编者

2017 年 5 月

目录

CONTENTS

第1章

五笔打字前的准备

本章导读

五笔字型输入法是目前最常用的汉字输入法之一。由于五笔字型输入法相对于拼音输入法具有重码率低的特点，且熟练后可快速输入汉字，减少了选字的工作，从而使用户的思维专注于要编辑的内容上。在学习五笔打字之前，首先需要认识五笔字型输入法，掌握五笔字型输入法的下载、安装和常用设置，以及正确的打字指法等知识，为后面学习五笔打字奠定基础。

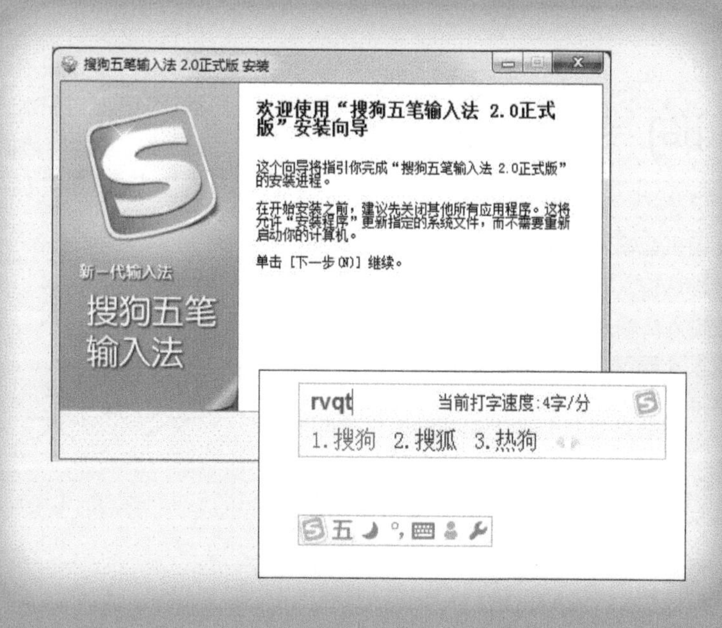

1.1 五笔字型输入法的下载与安装

五笔字型输入法并不是计算机中自带的汉字输入法，因此在使用之前必须下载并安装一款五笔字型输入法。由于目前使用的五笔字型输入法的种类较多，所以在下载与安装之前还需要对五笔字型输入法的版本及种类有所了解。

1.1.1 认识五笔字型输入法

五笔字型输入法简称五笔输入法，是王永民于 1983 年发明的一种汉字输入法。因为发明人姓王，所以也称为“王码五笔”。下面介绍五笔字型输入法的优势及版本。

1. 五笔字型输入法的优势

五笔字型输入法相对于其他输入法，具有以下 4 个明显的优势。

优势 1 它是一种形码输入法

五笔字型输入法完全依据笔画和字形特征对汉字进行编码，是典型的形码输入法，输入时不用考虑汉字的读音，即使不认识这个字，也可以将其打出来。因此，使用五笔熟练到一定程度后，可以达到“眼见手拆”的境界，即眼睛看到文稿上的字，便能自然地将其打出来，这也是为什么五笔字型输入法会成为专业打字员的第一选择。

J Q K
昫 = 昫 昫 昫

优势 2 击键次数少

使用拼音输入法输入完拼音编码后，需按空格键确认输入，增加了击键次数。而使用五笔字型输入法输入一组编码最多只需击键 4 次，若输入 4 码汉字则不需要按空格键确认，从而提高了打字速度。

J G H M
题 = 题 题 题 题

优势 3 重码少

众所周知，使用拼音输入法输入文字时，由于同音的字和词较多，经常出现重码，此时需要用户按键盘上的数字键来选择输入。若所需汉字未在选字框中，还需翻页选取，非常麻烦。而使用五笔字型输入法输入汉字时出现重码的现象较少，从而可以较大幅度地提高输入速度。减少选字，还可以使打字的人将思维专注于要写的文章内容上，而不是汉字本身。

优势 4 打字如写字，寓教于乐

使用五笔字型输入法打出一个汉字的过程与手写这个字的过程极为相似。如果将五笔中的字根比作“汉字积木”，那么用五笔打字就成了类似于儿童拼积木一样的游戏，因此对大脑有益。如“美”字应拆分为“丷 + 王 + 大”，而不是“丷 + 四横（三）+ 人”。

U G D
美 = 美 美 美 √

美 = 美 美 美 ×

（不符合书写顺序原则）

2. 五笔字型输入法的版本

五笔字型输入法自1983年诞生以来，先后共推出3个版本：86版五笔、98版五笔和新世纪五笔。这3个五笔版本统称为王码五笔，相关介绍如下。

版本 1　86 版王码五笔字型输入法

86 版王码五笔字型输入法使用 130 个字根，可以处理 GB 2312 汉字集中的一、二级汉字共 6 763 个。经过多年的推广使用，86 版是目前影响最大、流行最广的五笔编码方案。

版本 2　98 版王码五笔字型输入法

98 版王码五笔字型输入法以 86 版为基础，引入了“码元”的概念，使其在取码时更加规范。98 版五笔字型输入法不但可以输入 6 763 个国标简体字，而且可以输入 13 053 个繁体字。除此之外，98 版五笔字型输入法还提供了允许用户编辑码表、从屏幕上取字造词和提供内码转换器等功能。

版本 3　新世纪王码五笔字型输入法

新世纪王码五笔字型输入法于 2008 年推出，也被称为标准版。该版本实施了第三代五笔字型输入法的新专利，建立了新的字根键位体系，可以处理 27 533 个简繁汉字，编码变得更加规范。

上述 3 个版本中较常用的是 86 版与 98 版王码五笔字型输入法，两者有很多共同之处，只有少数字根或字根分布不同，但大部分汉字的编码都相同，编码规则也保持一致，只要记住少数变动的字根，便可以由 86 版五笔过渡到 98 版五笔。

高手支招

如何选择五笔字型输入法的版本

总的来说，目前最常用的是 86 版王码五笔字型输入法，同时其他个人或企业所开发的五笔字型输入法软件也基本采用 86 版五笔编码标准，其编码规则、输入方法与 86 版五笔相同。因此，对于学习五笔打字的用户来说，可以直接选择学习 86 版五笔，只要学会了 86 版王码五笔字型输入法，便能熟练使用其他种类的五笔字型输入法。本书将以 86 版王码五笔字型输入法为依据介绍五笔打字。

1.1.2 常用五笔字型输入法介绍

了解了五笔字型输入法的版本后，便可以在计算机中安装一款五笔字型输入法软件，除了前面介绍的 86 版王码五笔字型输入法外，用户也可以选择一款其他五笔字型输入法软件，如搜狗五笔、极点五笔、智能陈桥五笔和 QQ 五笔等。这类五笔字型输入法与 86 版王码五笔字型输入法的编码规则相同，只是具有其他一些扩展功能，以便于用户更好地打字，所以读者可以选择一款自己熟悉的五笔字型输入法来学习五笔打字。

上述几种常用的五笔字型输入法的具体介绍如下。

种类 1　搜狗五笔输入法

搜狗五笔输入法是当前互联网新一代的免费五笔字型输入法，采用 86 版王码五笔编码，不仅支持随身词库（即超前的网络同步功能），而且具有“五笔 + 拼音”的混合输入功能，可以在纯五笔、纯拼音和五笔拼音等多种输入模式间切换，还兼容目前强大的搜狗拼音输入法的所有皮肤，打字时还可对打字速度一目了然。

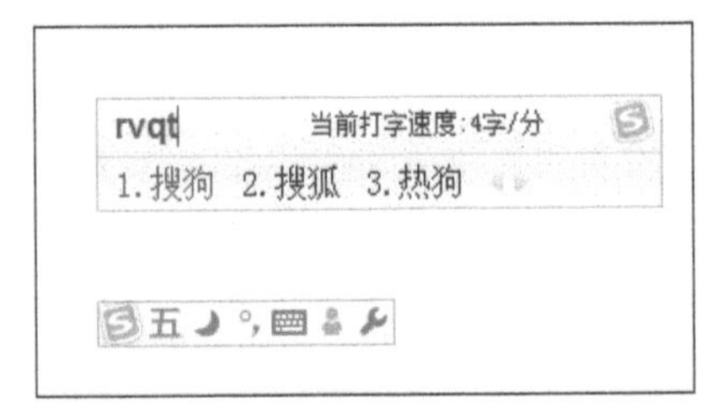

种类 2　极点五笔输入法

极点五笔输入法是一款免费的多功能五笔拼音输入软件，可以智能辨别编码和拼音，编码与拼音单字可同时录入，即在进行输入时可以采用五笔编码输入，若不会五笔时可以采用拼音输入，而且可以互查五笔与拼音编码。另外，它还支持 BIG5 码输出，并具有简入繁出功能。

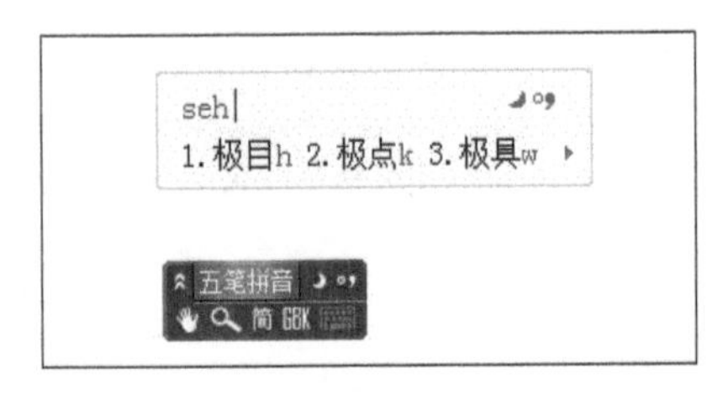

种类 3　智能陈桥五笔输入法

智能陈桥（即智能五笔）输入法直接支持国家 GB 18030 标准，能输出 27 000 多个汉字编码的五笔和陈桥拼音，具有智能提示、语句输入、语句提示、简化输入和智能选词等多项技术，并支持繁体汉字输出、各种符号输出，内含丰富的词库和强大的词库管理功能。

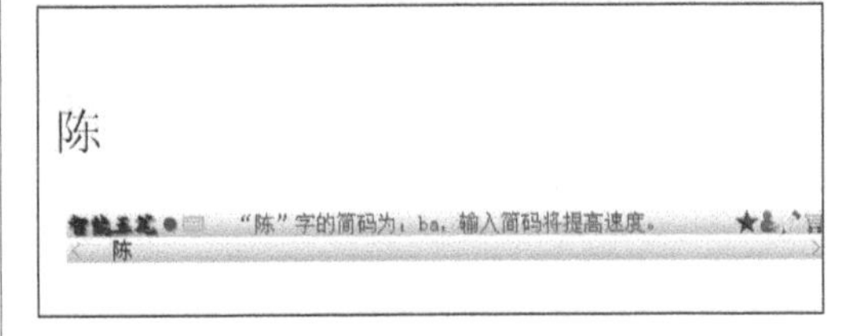

种类 4　QQ 五笔输入法

QQ 五笔输入法是腾讯公司继 QQ 拼音输入法之后，推出的一款界面清爽、功能强大的五笔字型输入法软件。QQ 五笔输入法吸取了 QQ 拼音的优点和经验，结合五笔字型输入法的特点，专注于易用性、稳定性和兼容性，引入分类词库、网络同步、皮肤等个性化功能，让用户在输入中不仅有更流畅、效率更高的体验，还拥有更漂亮的界面。

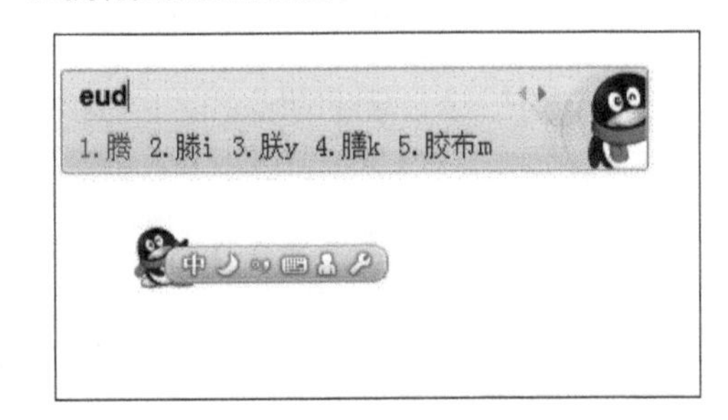

1.1.3　搜狗五笔输入法的下载与安装

微课：搜狗五笔输入法的下载与安装

无论是王码五笔字型输入法，还是搜狗五笔等其他输入法的安装程序，都可通过网上下载的方式来获取，且大多数是可免费使用的。下载安装程序后，还需要将其安装到计算机中，这样才能在输入法菜单中找到并使用。下面以安装搜狗五笔输入法为例进行介绍，具体操作如下。

STEP 1 搜索搜狗五笔输入法安装程序

❶在桌面上双击 IE 图标，打开 IE，在地址栏输入“www.baidu.com”，按 Enter 键进入“百度”首页；❷在“搜索”文本框中输入关键词“搜狗五笔”，按 Enter 键，在打开的页面中将搜索出多个搜狗五笔输入法下载的相关信息；❸单击第一个链接词条。

STEP 2 下载并运行安装程序

❶打开搜狗五笔下载页面，根据提示单击页面中的“立即下载”按钮；❷在页面右下角弹出的提示信息框中单击“运行”按钮，下载输入法。下载完成后会在系统右下角显示下载完成的提示，单击“运行”按钮运行下载的安装文件。

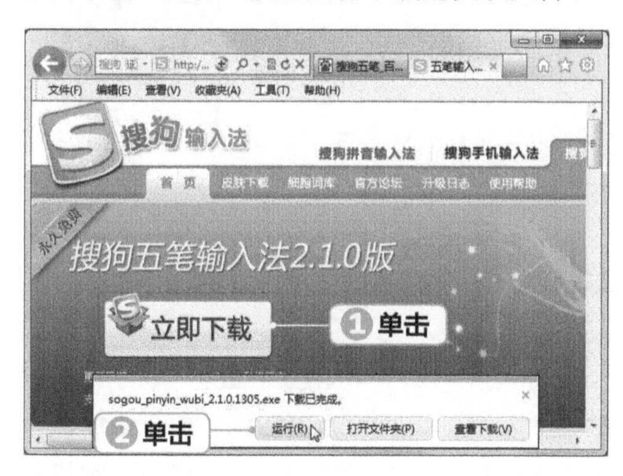

高手支招

保存下载并手动运行安装文件

单击“保存”按钮右侧的下拉按钮，选择文件下载并保存的位置，完成后在计算机中找到下载的程序并双击，也可运行安装程序。

STEP 3 开始安装搜狗五笔输入法

在打开的安装向导对话框中单击“下一步”按钮运行下载的安装文件。

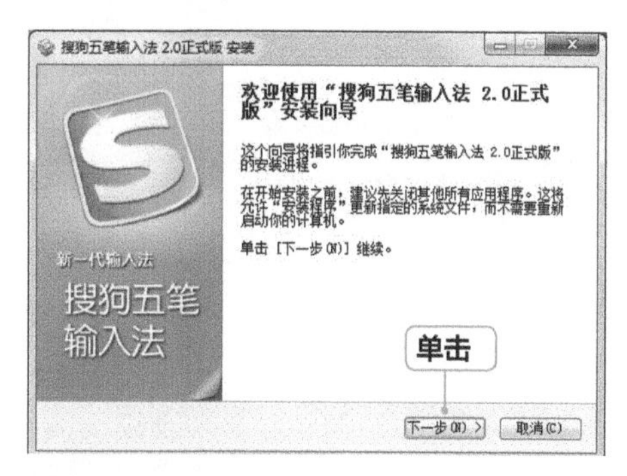

STEP 4 完成安装

在打开的安装向导对话框中会显示安装协议以及设置安装路径等，保持其默认设置不变，直接继续安装，直到显示安装完成的对话框，此时单击“完成”按钮。

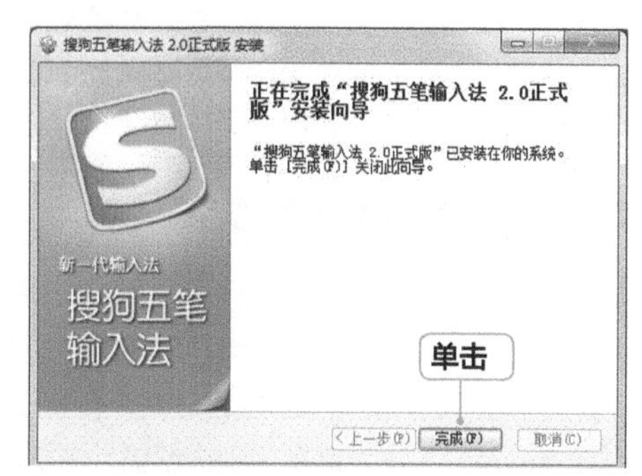

STEP 5 选择输入模式

❶打开个性化设置对话框，单击“下一步”按钮，选择输入模式，选中“纯五笔，适合五笔高手”单选项；❷单击“下一步”按钮。

STEP 6 选择输入法皮肤并完成设置

❶继续单击“下一步”按钮，可以选择一款自己喜欢的输入法皮肤；❷单击“下一步”按钮，再单击“完成”按钮。

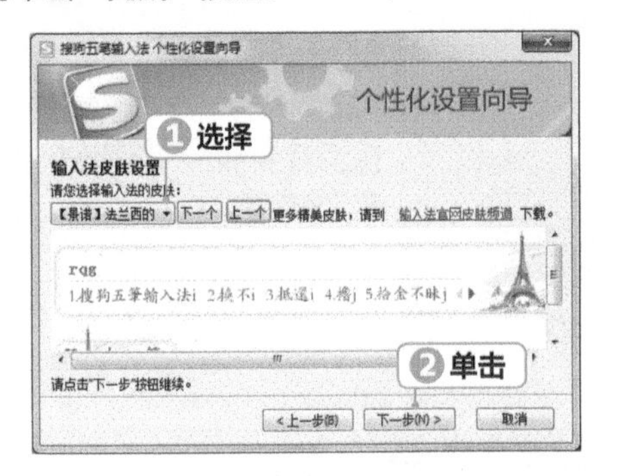

STEP 7 查看安装完成的输入法

在 Windows 任务栏中单击“输入法”图标，在打开的输入法列表中即可看到安装的“搜狗五笔输入法”选项，单击选择该选项，便可切换至搜狗五笔输入法。

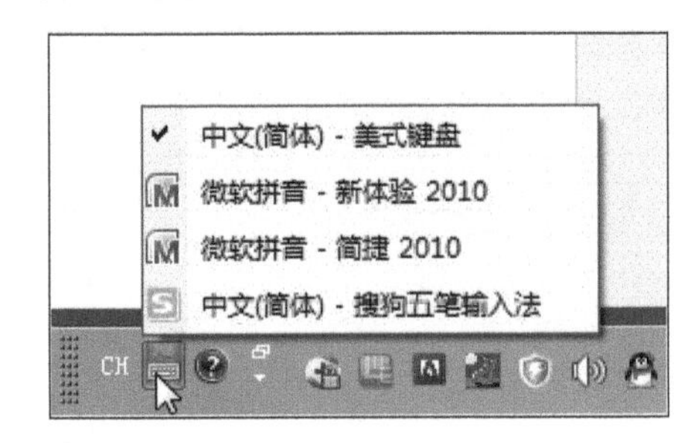

1.2 搜狗五笔输入法的设置

为了使安装后的五笔字型输入法更加符合自己的使用和打字习惯，用户可以对输入法进行设置，主要包括设置默认输入法、设置输入法热键和选择输入模式等，同时还需要掌握五笔字型输入法状态条上各图标的作用及操作方法，以便于打字时快速进行输入转换以及输入特殊符号等。

1.2.1 认识输入法状态条

通过输入法列表切换到五笔字型输入法后，在任务栏的上方会显示出浮动的五笔字型输入法状态条，单击其中的各个图标即可在不同的状态之间进行切换。熟练掌握状态条中各图标的含义，有利于在输入汉字时控制输入状态。下面以搜狗五笔输入法为例来分别介绍输入法状态条中各个图标的作用。

微课：认识输入法状态条

图标 1 “中 / 英文切换”图标

该图标位于搜狗五笔输入法状态条中输入法图标的后面，默认显示为“五”图标，表示当前系统为汉字输入状态，用于输入中文。单击该图标，将显示为“英”图标，表示切换到英文输入状态，用于输入英文字母，如下图所示。

图标 2 “半 / 全角切换”图标

该图标默认显示为◗图标，即半角输入状态，此时输入的字母、字符和数字占半个汉字位置。单击该图标，将显示为●图标，表示切换到全角输入状态，在该状态下输入的字母、字符和数字占一个汉字位置。两种输入效果对比如下。

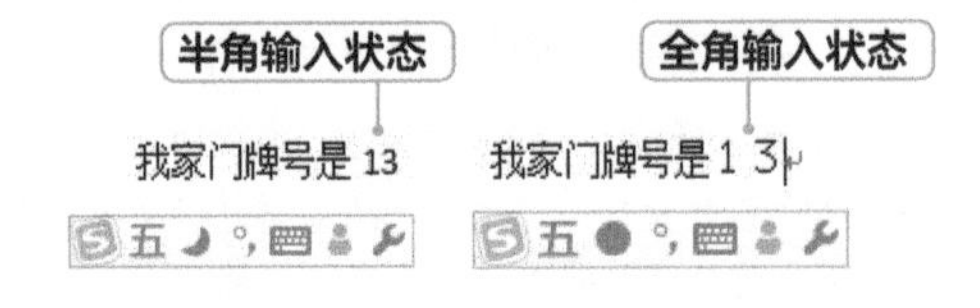

图标 3　“中 / 英文标点符号切换”图标

该图标默认显示为 °, 图标，表示为中文标点符号状态，此时可输入中文标点符号。单击该图标，将显示为 ·, 图标，表示切换到英文标点符号状态，此时可输入所需的英文标点符号。

图标 4　“软键盘图标”图标

通过“软键盘”图标可以输入各种特殊字符，其操作方法为：在“软键盘”图标上单击鼠标右键，在弹出的快捷菜单中选择相应的符号类型命令后，将打开对应的软键盘；然后利用鼠标单击其中的按钮即可输入特殊字符；输入完成后再次单击“软键盘”图标关闭软键盘。下图所示为打开的“特殊符号”软键盘。

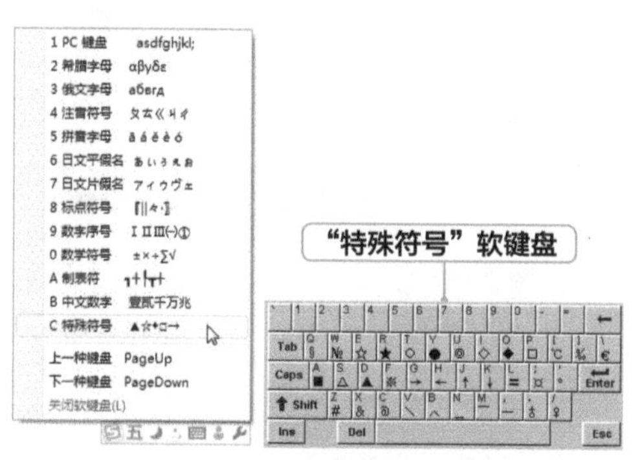

图标 5　“菜单”图标

“菜单”图标是针对该输入法特别设置的。单击该图标，在打开的菜单中可以选择相应的选项进行功能设置或获取使用帮助等。不同输入法其菜单图标提供的功能会有所区别，关于搜狗五笔输入法的一些设置和输入技巧可以参考第 5 章的内容。

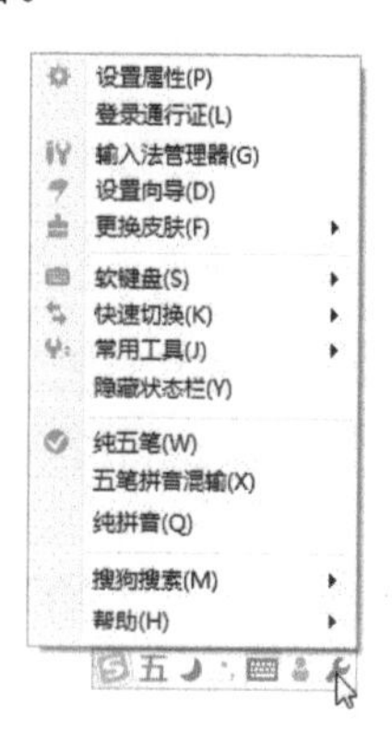

高手支招

利用快捷键切换输入功能

在五笔字型输入法中，按【Shift】键可快速在中英文输入法之间切换；按【Shift+空格】键可快速在全角和半角之间切换；连续按【Ctrl+Shift】键可以在不同的输入法之间进行切换。

1.2.2 设置搜狗五笔输入法为默认输入法

微课：设置搜狗五笔输入法为默认输入法

设置默认输入法是指将某种汉字输入法排列在输入法列表的最前面，在输入状态下按【Ctrl+ 空格】键可快速切换到该输入法。下面将搜狗五笔输入法设置为默认输入法，具体操作如下。

STEP 1　打开“输入法管理器”对话框

切换到搜狗五笔输入法，在搜狗输入法状态条上单击鼠标右键，在弹出的快捷菜单中选择“输入法管理器”命令，打开“输入法管理器”对话框。

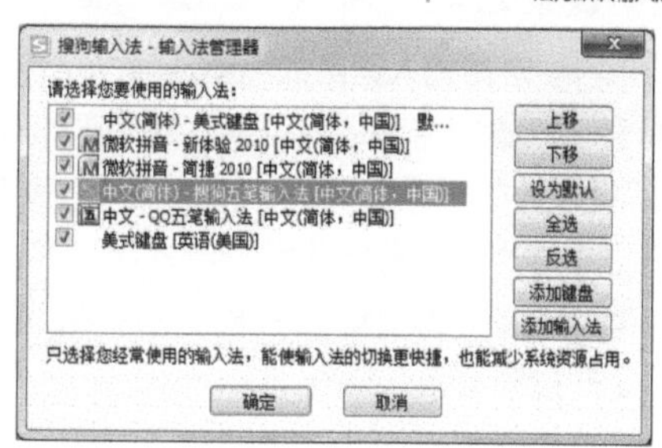

STEP2 设置搜狗五笔为默认输入法

❶单击选中列表中“搜狗五笔输入法”前面的复选框；❷单击“设为默认”按钮，将其设置为默认输入法，此时该输入法将显示到列表的最上方；❸单击“确定”按钮，完成设置。

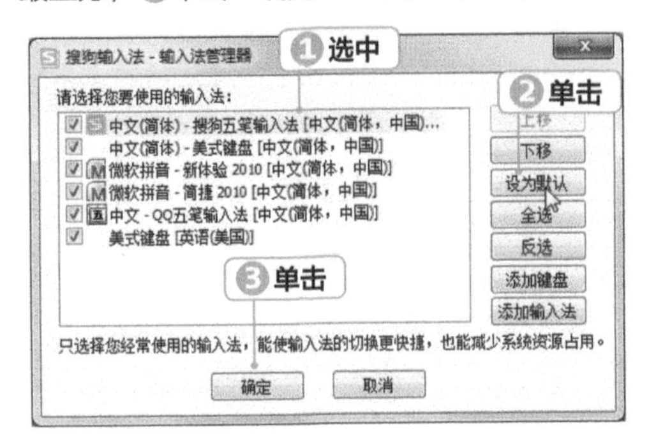

高手支招

删除不需要使用的输入法

由于大多数人经常用一种输入法，为了方便、高效起见，用户可以将自己不常用的输入法删除，只保留一种自己最常用的输入法。方法是在“输入法管理器”对话框中撤销选中不常使用的输入法复选框（这里的删除并不是卸载，以后需要使用时可以通过再次单击选中复选框进行添加。

1.2.3 设置搜狗五笔输入法的切换热键

微课：设置搜狗五笔输入法的切换热键

如果安装了多种汉字输入法，便可通过设置切换热键来实现快速切换（连续打字过程中按快捷键切换输入法比用鼠标单击切换更快捷），因此热键实际上就是快捷键。下面将搜狗五笔输入法的热键设置为【Ctrl+Shift+1】键，具体操作如下。

STEP1 打开对话框

在 Windows 任务栏的输入法图标上单击鼠标右键，在弹出的快捷菜单中选择“设置”命令。

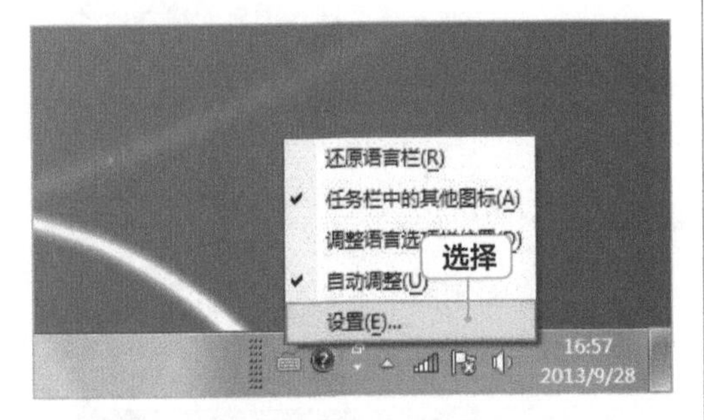

STEP2 选择输入语言的热键选项

❶打开“文本服务和输入语言”对话框，单击“高级键设置”选项卡；❷在“输入语言的热键”列表框中选择要设置快捷键的输入法，这里选择第 4 个选项，即搜狗五笔输入法选项；❸单击“更改按键顺序”按钮。

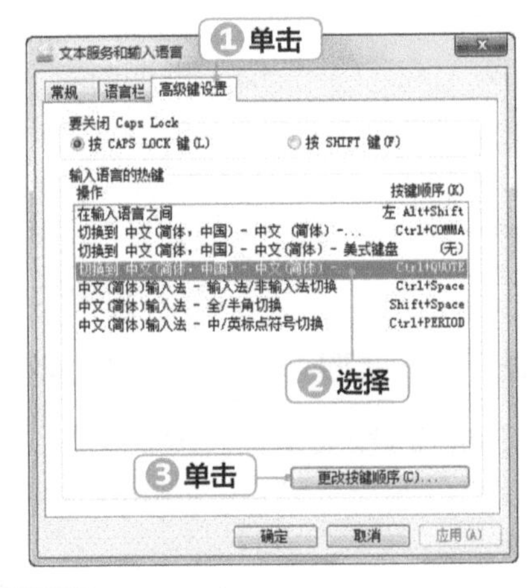

STEP3 设置快捷键

❶打开“更改按键顺序”对话框，单击选中“启用按键顺序”复选框；❷在下方的下拉列表框中分别选择“Ctrl+Shift”和“1”选项；❸单击“确定”按钮，返回前面的设置对话框，单击“确定”按钮完成设置。此时，按【Ctrl+Shift+1】

键，即可将输入法快速切换至搜狗五笔输入法。

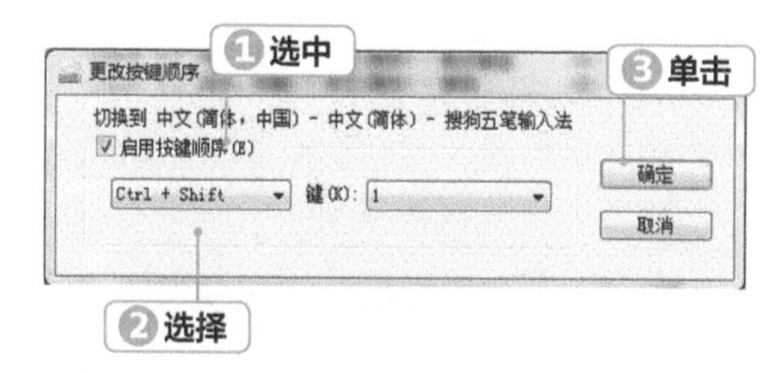

高手支招

设置其他输入控制热键

在“高级键设置”选项卡中还可设置“打开/关闭输入法”“全半角切换”和“中英文符号切换”的快捷键，其设置方法与设置输入法的热键相似。

1.2.4 设置搜狗五笔输入法的输入模式

为了满足不同用户的需求，搜狗五笔输入法提供了 3 种输入模式，即五笔拼音混输、纯五笔和纯拼音。在搜狗输入法状态条上单击“菜单”图标，在打开的菜单中选择“设置属性”选项，打开“搜狗五笔输入法设置”对话框，在其“常规”选项卡中便可选择所需的输入模式并进行相应的参数设置。下面对这 3 种输入模式进行详细的介绍。

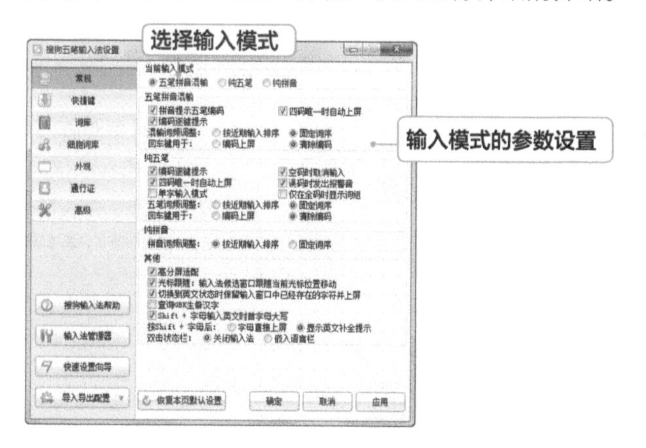

模式 1　五笔拼音混输

五笔拼音混输模式表示输入法既可以识别五笔编码，也可以识别拼音，适合对五笔不熟练的初学者使用，主要用于查询五笔编码。选择该模式后，其下方“五笔拼音混输”参数区中的“拼音提示五笔编码”复选框表示输入拼音时，候选项中提示该字词的五笔编码；“编码逐键提示”复选框表示每输入一个字符时，都给出相应字词的五笔编码；“四码唯一时自动上屏”复选框表示当输入的 4 个编码只有一个候选项时自动上屏，如输入“拼”字五笔编码“ruah”，便可直接输入，而不会出现在候选框中。

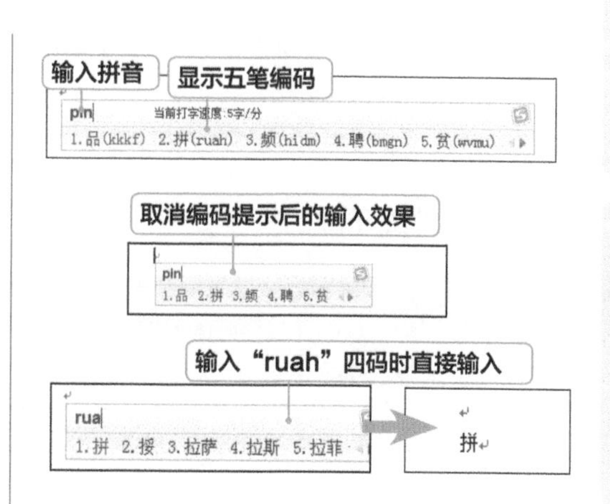

模式 2　纯五笔

在纯五笔模式下输入法只能识别五笔编码，重码较少，适合五笔熟手使用。选择该模式后，其下方参数中的“编码逐键提示”复选框表示每输入一个编码都对候选字的完整编码进行提示；“四码唯一时自动上屏”复选框表示当输入一个全码，且没有重码时，该字自动上屏，不需再按空格键；“空码时取消输入”复选框表示当输入一个全码，而这个全码没有字词与之对应，自动取消输入；“误码时发出报警音”复选框表示当输入的编码不存在或有错误时会发生报警声音；“单字输入模式”复选框表示候选框中只列出单字；“仅在全码时显示词组”复选框表示在需要输入词组全码时才会在候选框中显示出词组。

不显示词组效果

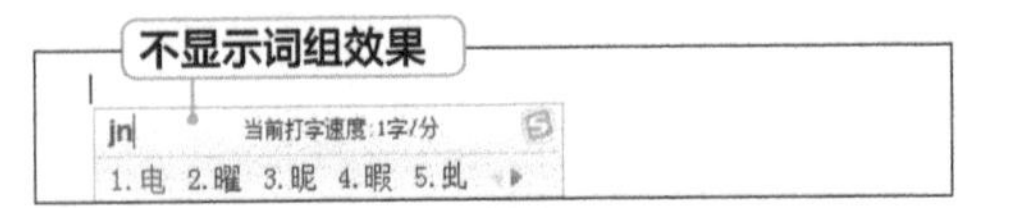

取消单字输入和仅在全码时显示词组效果

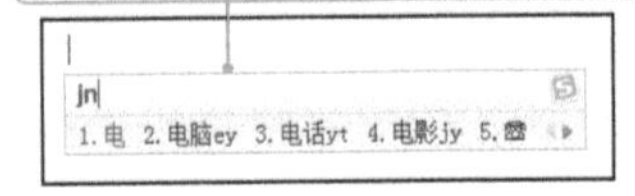

模式 3　纯拼音

在纯拼音模式下输入法只识别拼音，适合临时需要拼音输入的用户。

高手支招

五笔新手应选择哪种输入模式

虽然搜狗五笔输入法提供的“五笔拼音混输”适合五笔新手，但在本书的学习过程中建议读者使用“纯五笔”模式，这样才能更好地练习拆字，遇到不会拆分的字再使用混输模式下的拼音来查询五笔编码。在使用“纯五笔”模式时可以在“纯五笔”参数区中撤销选中“单字输入模式”和“仅在全码时显示词组”复选框，单击选中其他 4 个复选框。

高手支招

五笔打字时临时切换输入模式

在纯五笔打字模式下，按【Ctrl】键可临时切换至拼音输入模式，使用拼音输入一个汉字后将自动切换至纯五笔输入模式。

1.3 正确的打字指法

键盘的使用很容易，但要想高效地运用键盘进行操作却并不简单，比如不看键盘进行输入，或者如何提高键盘输入速度等。因此，下面将从养成正确的打字姿势、十个手指的键位分工和指法要领及训练等方面进行介绍，为后面的五笔打字练习做好准备。

1.3.1 养成正确的打字姿势

正确的打字姿势对打字速度以及视力和身体健康有直接的影响，在开始学习打字时就应该学会正确的打字姿势，从而养成良好的习惯。

正确的打字姿势要注意以下4点。

- 身体端正，腰背挺直，两脚自然平放在地上，身体与键盘的距离大约为 20cm。
- 椅子高度适当，眼睛稍向下俯视显示器，应在水平视线以下 15° ~ 20°，眼睛离显示器的距离为 30cm。
- 手臂自然下垂，两肘贴于腋边。肘关节呈垂直弯曲，手腕平直，不可弯曲，以免影响击键速度。
- 盲打时文稿置于计算机桌子的左侧便于观看。

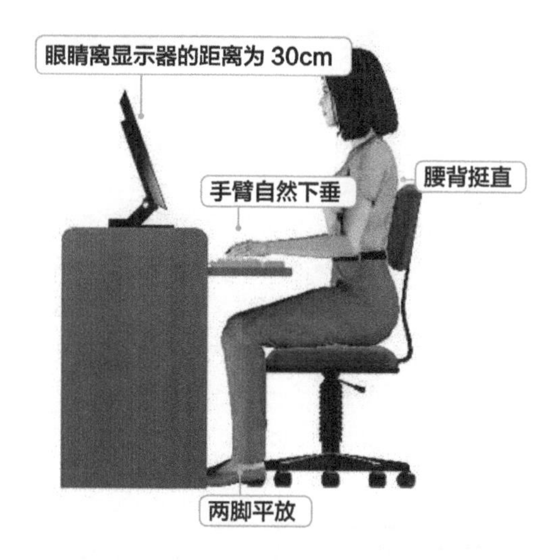

1.3.2 十个手指的键位分工

微课：十个手指的键位分工

通过键盘打字时，十个手指都有属于自己的击键区域，在准备打字时，需先将手指在基准键位上放好，各个手指击完键后都应立即返回到相应的基准键位上。下面将对基准键位及十个手指的键位分工（也称指法分区）进行具体介绍。

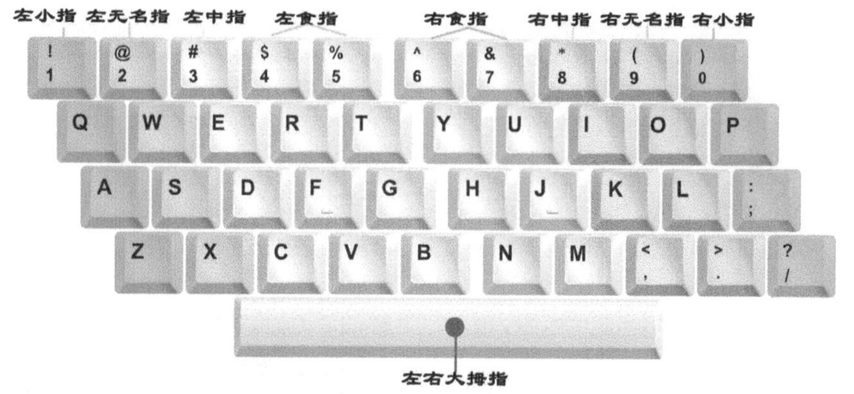

1. 基准键位

基准键位是指【A】、【S】、【D】、【F】、【J】、【K】、【L】和【;】键，其中【F】和【J】键上各有一突起的小横杠，便于盲打时进行手指定位。打字时手指的放置位置为：将两手的大拇指放在空格键上，其余 8 个手指从左到右依次放在键盘的这 8 个基准键位上。各个手指击完键后都应立即返回到相应的基准键位上，以便快速进行下一次击键操作。

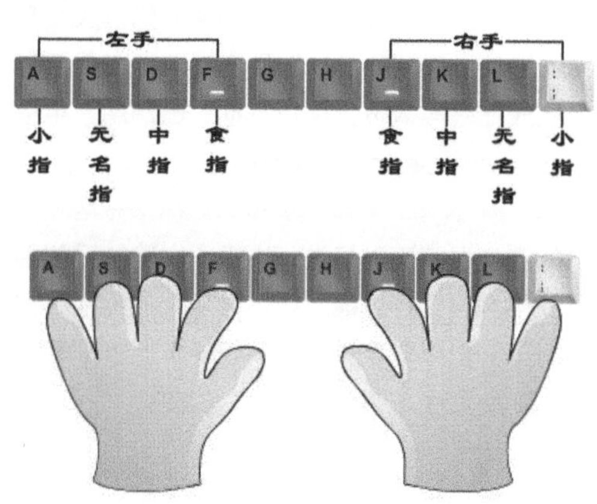

2. 指法分区

指法分区是指每个手指负责一定的键位区域，在进行打字输入时，每个手指应严格按照指法分区的范围进行击键。将各手指放在相应的基准键位上后，每个手指便可以分工进行击键。除双手大拇指外，其余8个手指各有一定的击键范围，且都是各个手指相邻的上方和下方的键位。另外，对于主键盘区中两侧的各控制键没有严格的手指分工，一般左侧各控制键由左手小指控制，而右侧各控制键由右手小指控制。

高手支招

什么是盲打

盲打是一种不看键盘进行打字的输入方法，结合基准键位和指法分区便能进行盲打训练，用户一旦熟悉了这种方式后，打字速度便会突飞猛进。

1.3.3 指法要领及训练

下面将根据键位分布的区域，从易到难、循序渐进地进行指法练习。要求在练习过程中严格按照指法分区和正确的击键方法及姿势进行练习，不可因为枯燥而取消这一时段的学习内容。练习时可以使用记事本等文本处理软件，然后切换至英文输入状态再进行输入。

微课：指法要领及训练

1. 击键要领

击键时应掌握以下几个规则，以便在准确、快速输入文字的同时，可以更好地保护手指和键盘免受伤害。

- **击键力度：**击键时用手指指尖垂直向键位使用冲力，并立即反弹。用力不可太大，敲击一下即可。
- **击键时间：**击键时不要长时间按住一个键不放，击键要迅速。
- **击键技巧：**左手击键时，右手手指应放在基准键位上保持不动；右手击键时，左手手指应放在基准键位上保持不动。击键后，手指要迅速返回到相应的基准键位。
- **指法分区外的键位击键技巧：**指法分区左侧的键位最好用左手进行击键，右侧的键位最好用右手进行击键，具体使用哪根手指可根据个人操作习惯来确定，但确定后就不要轻易更改，否则以后会影响打字速度。

2. 基准键位指法练习

基准键位是击键的重要参考位置，本次练习将通过3个阶段练习循序渐进地熟悉基准键位的位置和输入。

STEP 1 第 1 阶段练习

将左手食指放在【F】键上，右手食指放在【J】键上，其余手指分别放在相应的基准键位上，然后以“原地踏步”的方式敲击基准键位，输入效果如下图所示（每组中间的空格利用左右手拇指输入）。

```
aaaa   ssss   dddd   ffff
jjjj   kkkk   llll   ;;;;
ffff   jjjj   dddd   kkkk
ssss   llll   aaaa   ;;;;
;;;;   llll   kkkk   jjjj
ffff   dddd   ssss   aaaa
```

STEP 2 第 2 阶段练习

手指在相邻和不相邻的键位上连续敲击，加深基准键位所在位置的印象，输入效果如下图所示。

```
asdf    asdf    asdf    asdf    asdf
;lkj    ;lkj    ;lkj    ;lkj    ;lkj
fdsa    fdsa    fdsa    fdsa    fdsa
jkl;    jkl;    jkl;    jkl;    jkl;
adsf    adsf    fsda    fsda    sdaf
;klj    ;klj    jlk;    jlk;    lk;j
```

STEP 3 第 3 阶段练习

左右手协同键入基准键位的字母，进一步协调双手动作，如下图所示。

```
ajsk    ajsk    ajsk    dlf;    dlf;
afj;    afj;    dskl    dskl    sdlk
aafk    jjls    ssll    df;;    jkas
llsd    kkfa    alsd    aklf    fdls
;sdk    lsdk    jald    ladf    fdkl
ladk    fd;k    asl;    dkka    jl;s
```

3. 上排键位指法练习

下面将通过两个阶段练习来熟悉位于基准键位上方的一排键位的位置和输入。

STEP 1 第 1 阶段练习

熟悉上排键位的手指分工，体验基准键位与上排键位间的距离，输入效果如下图所示。

```
qqqq    wwww    eeee    rrrr    tttt
yyyy    uuuu    iiii    oooo    pppp
qwer    qwer    qwer    qwer    tqtw
poiu    poiu    poiu    poiu    pyoy
qpwi    yowi    owyq    owet    iwot
qwoy    oiww    qeoy    twoe    oity
```

STEP 2 第 2 阶段练习

上排键位与基准键位的综合练习，进一步熟悉上排键位的位置和输入，输入效果如下图所示。

```
adwo    ydkw    osyw    last    sdlr
wosk    kstw    oekt    ykso    plse
qrls    uisk    uowe    lstp    gyqt
lsqe    owel    astw    owsl    yplw
slwt    slty    iuw;    asty    wesy
west    tiye    opye    ;ywe    owdk
```

4. 下排键位指法练习

下面将通过两个阶段练习来熟悉位于基准键位下方的一排键位的位置和输入。

STEP 1 第 1 阶段练习

熟悉下排键位的手指分工，体验基准键位与下排键位间的距离，输入效果如下图所示。

```
zzzz    xxxx    cccc    vvvv    bbbb
nnnn    mmmm    ,,,,    ....    ////
zcxv    zxcv    zxcv    xcvb    xcvb
/.,m    /.,m    /.,m    .,mn    .,mn
z/xc    .,cn    mbz.    .zcb    ,nb.
/z,c    cbn.    bcv,    .xnb    .zcv
```

STEP 2 第 2 阶段练习

下排键位与基准键位的综合练习，进一步熟悉下排键位的位置和输入，输入效果如下图所示。

```
aazz    aazz    ssxx    ssxx    ddcc
ddcc    ffvv    ffvv    ggbb    ggbb
hhnn    hhnn    jjmm    jjmm    kk,,
kk,,    ll..    ll..    ;;//    ;;//
adkz    lasn    .zng    ks,c    nbal
zc,d    lsmn    lhs,    lsnd    /zad
```

5. 综合练习

下面将通过两个阶段练习来熟悉所有字母键位的指法及输入操作。

STEP 1 第 1 阶段练习

不看键盘，通过盲打输入如下图所示的英文字母。

```
copy    copy    tade    tade    masa
type    type    june    june    july
july    lake    lake    unit    unit
tide    tide    neak    neak    wake
home    home    quit    quit    drop
drop    suit    suit    send    send
```

STEP 2 第 2 阶段练习

利用【Shift】键在输入过程中随时进行字母的大小写切换和输入操作，输入效果如下图所示。

```
Wood    Wood    NBAy    NBAy    SunD
SunD    gIRl    Girl    WEsT    HoTe
HoTe    Baby    BABy    CoMe    COME
worD    Word    TRes    NeWS    Gree
ZooZ    Zero    Visa    VISa    Boot
Jaky    Tide    WenD    Moly    Poly
```

高手支招

盲打练习注意事项

刚开始练习盲打时，下排键位往往比上排键位更难练习，在击键过程中也会出现手指偏移基准键位的情况。此时应放慢输入速度，力求每一个键位都是在正确的击键方法和姿势下进行。

新手加油站

1. 怎样选择打字场所

在学习五笔打字时，为了直观地看到输入的结果，需要启动相应的汉字输入程序，也就是选择好打字的场所。可以作为打字练习场所的软件非常多，其中常用的有写字板、记事本、Microsoft Office Word、聊天工具和专业的金山打字通练习软件等。

打字练习软件中间的矩形空白区域便是文字的输入与编辑场所。选择一种汉字输入法后，在闪烁的光标处单击鼠标左键，便可开始练习打字。初学打字时使用记事本、写字板或Microsoft Office Word 作为打字练习软件便可，而金山打字通主要用于练习五笔字根以及提高五笔打字速度。因此，在学习五笔打字过程中主要以理解和掌握其汉字拆分和输入规则等为主，学完后再使用专业的打字练习软件进行巩固并提高输入速度。

2. 键盘的布局是怎样的

键盘是重要的输入设备，用来输入文字、符号和数字等，按照键盘中各键的功能，可以将键盘划分为主键盘区、功能键区、编辑键区、小键盘区和状态指示灯区 5 个键位区，如下图所示。

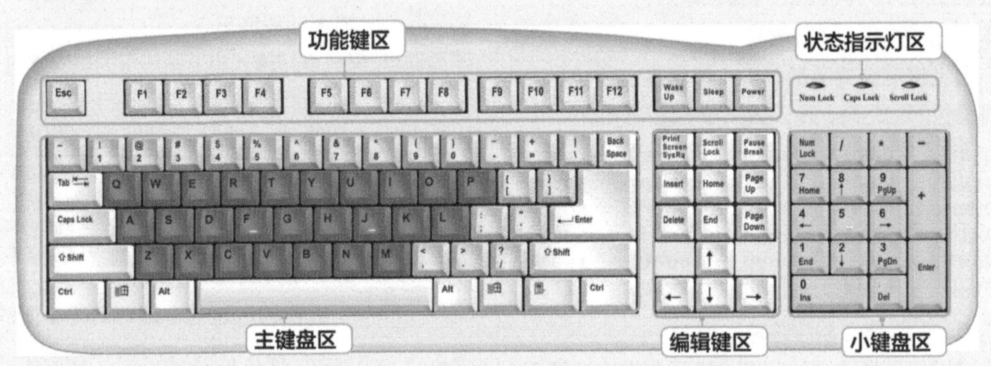

键盘上的主键盘区是键盘上使用最为频繁的区域，也称打字键区。该键区一般由字母键、数字键、符号键、控制键和 Windows 功能键等 61 个键位组成，如下图所示。

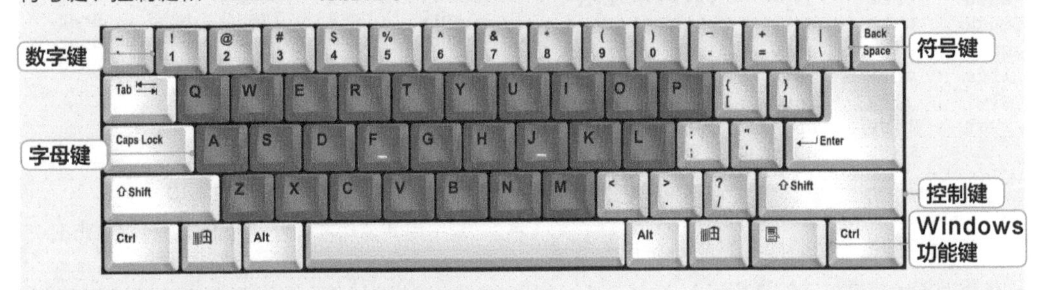

3. 五笔打字的学习流程是怎样的

结合五笔高手学习五笔字型输入法的经验，学习五笔打字时要经历4个流程，分别是勤练指法、熟记五笔字根表、掌握拆分原则和反复练习。

第 2 章

字根其实并不难

本章导读

众所周知，字根是学习五笔字型输入法时的“拦路虎”，也是学会五笔打字的重要前提。学习五笔字根，并不是完全靠死记硬背，而是依据汉字的笔画、字型，以及字根的区和位分布规律来掌握，再通过一定的练习来巩固。本章不仅介绍字根是如何分布在键位上的，还会介绍几种高效的字根掌握方法，使读者快速地掌握字根的键位分布。

黄 式 反 找 晴 具
划 功 邱 拿 朴 走
区 革 泊 朱 虐 皮

2.1 弄清五笔字型输入法的基本原理

五笔字型输入法是基于汉字字型特征而形成的，是一种将汉字字型分解的编码方案。因此，在介绍字根前，必须先清楚地知道五笔字型输入法的基本原理，并了解汉字的3个层次、5种笔画和3种字型，这样才能明白汉字与字根间的关系。

2.1.1 五笔字型输入法的基本原理

微课：五笔字型输入法的基本原理

汉字都是由笔画或部首组成的，为了输入汉字，可以将汉字拆分成一些最常用的基本单位，在五笔中便称为字根。字根可以是汉字，也可以是偏旁部首或是部首的一部分，还可以是笔画。把拆分成的字根按一定的规律分类并合理地分配在键盘各键位上，作为输入汉字的基本单位。使用五笔字型输入汉字时，只需按照汉字的书写顺序，依次按下字根所在的键位，按下的键位便组成了该汉字的五笔编码。输入编码后，五笔字型输入法将在其字库中检索出所要的字并将其显示在屏幕上，从而实现输入汉字的目的。上述便是五笔字型输入法的基本原理。

为了进一步认识五笔字型输入法的基本原理，下面将在记事本中使用五笔字型输入法输入“秋”字。

STEP 1 将汉字拆分为字根并输入编码

启动记事本程序并切换到搜狗五笔输入法，将汉字“秋”拆分成两个搜狗五笔输入法可以识别的字根“禾”和“火”，然后依次按这两个字根对应的键位【T】、【O】。

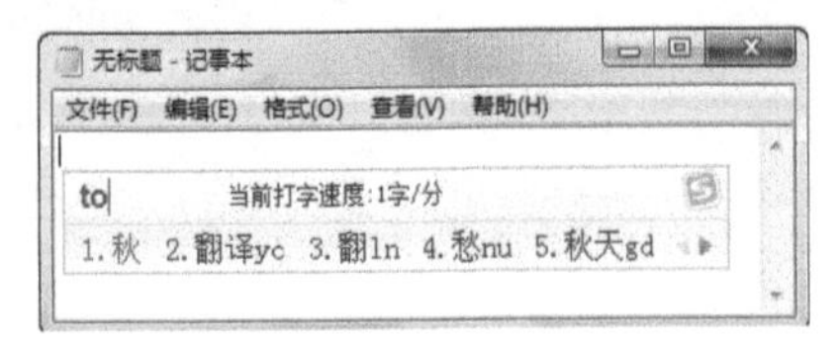

STEP 2 输入汉字

直接按空格键或数字键“1”便可输入汉字“秋”。

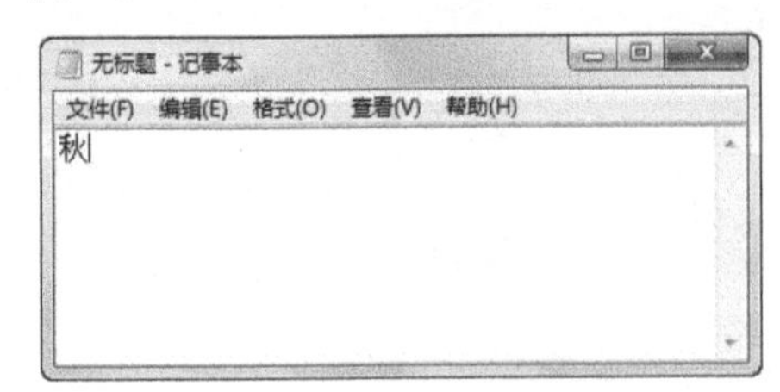

2.1.2 汉字的3个层次

五笔字型输入法的实质是，利用汉字的字型特征，先将汉字拆分成字根，然后再按下各字根所对应的键位。因此，要学会五笔字型输入法，首先应该了解汉字的基本结构。从结构上看，汉字可以分为3个层次：即笔画、字根和汉字。

- **笔画：** 指“一”“丨”“丿”“㇏”“乙”，即常说的横、竖、撇、捺和折。
- **字根：** 指由若干笔画复合交叉而形成的相对不变的结构，它是五笔字型输入法编码的依据，可以理解为汉字部首。
- **汉字：** 将字根按一定的位置组合起来便构成了汉字。

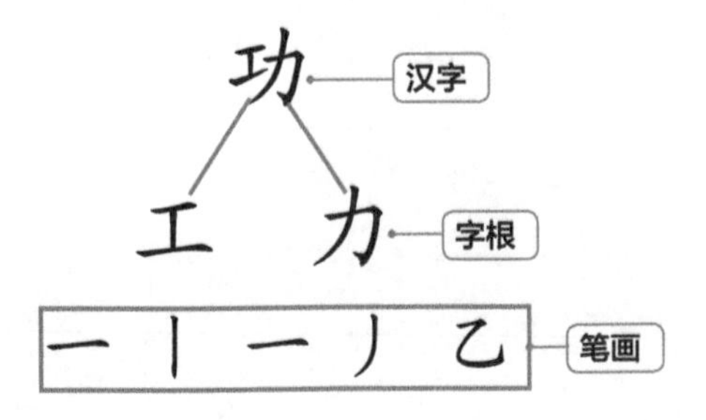

2.1.3 构成汉字的 5 种基本笔画

虽然汉字不计其数，但每个汉字都是由几种笔画组成的。为了使汉字的输入操作更加便捷，在使用五笔字型输入法时，只需考虑笔画的运笔方向，而不计其轻重长短，这样就可以将汉字的诸多笔画归结为基本的 5 种笔画，即横（一）、竖（丨）、撇（丿）、捺（㇏）和折（乙）。

五笔字型输入法将这5种基本笔画按照顺序和汉字使用频率来进行排列，并用数字1~5作为代号来分别表示它们，如下表所示。

汉字的 5 种基本笔画

笔画代码	笔画名称	键盘所属分区	笔画走向	笔画及其变形
1	横	一区	从左至右	一 ㇀（提）
2	竖	二区	从上至下	丨 亅（竖左钩）
3	撇	三区	从右上至左下	丿
4	捺	四区	从左上至右下	丶 ㇏
5	折	五区	向右转折	乙 ㇇ ㄥ ㇆ ㇖ ㇄

通过上面的表格可以看出，在判定每种单笔画时，除了按笔画走向外，还需要注意变形笔画的归纳。下面对 5 种笔画进行相关介绍与总结，以便帮助读者更好地识别。

第 1 种 横笔画

“横”是指运笔方向从左到右的笔画，如“李”“本”等字中的水平线段即属于“横”笔画，另外，提笔画“㇀”在五笔中也被视为“横”，如“打”“坛”等字中“扌”字旁和“土”字旁的最后一笔。

五 打

第 2 种 竖笔画

“竖”是指运笔方向从上到下的笔画，如“中”“旧”等字中的竖直线段即属于“竖”笔画。另外，竖左钩“亅”应归为“竖”笔画。

第 3 种 撇笔画

在五笔字型输入法中，凡是从右上到左下的笔画都属于“撇”笔画，如“形”“众”“大”和“秀”等字中所有“丿”都属于“撇”笔画。

形 九

第 4 种 捺笔画

在五笔字型输入法中，凡从左上到右下的笔画都属于“捺”笔画，同时点（丶）的书写顺序也是由左上到右下，因此也将其归为“捺”笔画类。如“犬”“六”“入”和“就”等字中的“丶”和“㇏”都属于“捺”笔画。

第 5 种 折笔画

在五笔字型输入法中，除竖钩“亅”以外的所有带转折的笔画都属于“折”笔画，如“仲”“甩”“纪”和“刀”等字都含用“折”笔画。

仲 刀

2.1.4 汉字的 3 种字型

根据构成汉字各组成部分之间的位置关系，可将汉字分为左右型、上下型和杂合型 3 种字型。其中，左右型和上下型汉字统称为合体字，而杂合型汉字又称为独体字。在五笔字型输入法中，分别用代码 1、2 和 3 来表示不同的汉字类型，如下表所示。

汉字的 3 种字型

代码	字型	图示	字例
1	左右型		你 储 信 郢
2	上下型	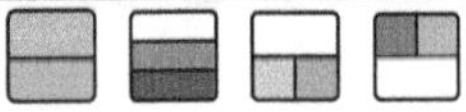	呈 翼 袁 竖
3	杂合型	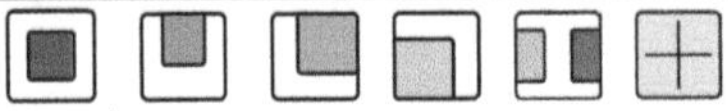	回 凶 这 句 承 电

第 1 种 左右型汉字

左右型汉字表示其字根的组成位置属于左右排列的关系，其中左右排列是指总体上可将汉字分为左、右两个部分，而左中右排列的汉字是指总体上可将汉字分为左、中、右 3 个部分。另外，左右型汉字的左半部分或右半部分可以是一个单独的字根，也可以由多个字根构成。

秋 = 秋 + 秋
侧 = 侧 + 侧 + 侧
指 = 指 + 指 + 指

第 2 种 上下型汉字

上下型汉字表示其字根的组成位置属于上下排列的关系，其中上下排列是指总体上可将汉字分为上、下两个部分，而上中下排列的汉字是指总体上可将汉字分为上、中、下 3 个部分。另外，上下型汉字的上半部分或下半部分可以是一个单独的字根，也可以是由多个字根构成。

吕 = 吕 + 吕
莫 = 莫 + 莫 + 莫
愁 = 愁 + 愁 + 愁

第 3 种 杂合型汉字

杂合型汉字表示其字根的组成位置并没有明确的排列关系，包括全包围型（组成汉字的一个字根完全包围了汉字的其余字根）、半包围型（组成汉字的一个字根并未完全包围汉字的其余字根）、交叉型（组成汉字的字根之间是一种交叉排列的方式）、连笔型（组成汉字的字根紧接相连）、孤点型（组成汉字的字根中包含点笔画，该点笔画未与其他字根相连）。

困 = 困 + 困
包 = 包 + 包
半 = 半 + 半
电 = 电 + 电
太 = 太 + 太

新手练习

在五笔字型中，汉字的字型及代码主要应用于末笔交叉识别码的判定，其作用非常重要，下面进行练习。首先分别写出下面汉字的字型名称及代码，然后根据字型结构将其组成部分进行拆分。填写后可以通过查询字典中的字根拆分，判断是否正确。

例如：亿（左右型 1 亻 乙）

休（ ）	涓（ ）	负（ ）
风（ ）	总（ ）	合（ ）
荧（ ）	名（ ）	铡（ ）
有（ ）	淡（ ）	烟（ ）
采（ ）	糨（ ）	席（ ）
灿（ ）	结（ ）	导（ ）
全（ ）	弟（ ）	型（ ）
闪（ ）	仪（ ）	永（ ）
唐（ ）	竖（ ）	械（ ）
第（ ）	变（ ）	烟（ ）
向（ ）	喜（ ）	边（ ）
沌（ ）	笨（ ）	业（ ）

2.2 五笔字型输入法的字根及分布规律

五笔字型输入法归纳了 130 多个字根，字库中的所有汉字都可以拆成这些字根。下面将具体介绍五笔字根在键盘上的分布及分布规律。

2.2.1 五笔字根的区和位

五笔字型输入法的字根分布在键盘中除【Z】键外的 25 个键位上。为了更好地定位各个键位，方便记忆和区分各个键位的字根，用户还需要掌握字根的区和位的概念，以及由区和位组成的区位号。

概念 1 5 个区

字根的 5 个区是指将键盘上除【Z】键外的 25 个字母键，分为横、竖、撇、捺、折 5 个区，并依次用代码 1、2、3、4、5 表示区号。其中，第一区放置横起笔类的字根，如“王、干、十、雨”等字根，依此类推，2、3、4 和 5 区字根的首笔画分别为“竖”“撇”“捺”和“折”。

概念 2 5 个位

每个区中包括 5 个按键，依次用代码 1、2、3、4、5 表示。其中【G】键对应第一区的第一位，则其位号便为 1；【R】键对应第三区的第二位，则其位号便为 2；【I】键对应第四区的第三位，则其位号便为 3；其余键的位号以此类推。

概念 3 区位号

根据前面介绍的 5 种笔画的代码将键盘上的 25 个字母键（【Z】键除外）分成 5 个区，区号为 1 ~ 5，分别以字根首笔画作为分类标准，每区包括 5 个键，其中每一个键即为一个位，从中心向两边，每个键的位号分别为 1 ~ 5。将每个键的区号作为十位，位号作为个位，将这两个数字组合起来称为“区位号”。例如，四区中有【Y】、【U】、【I】、【O】和【P】5 个键位，其中，【Y】键的位号即捺的代码 4，【Y】键处于四区的第一位，因此其区位号为 41，以此类推，该区的其他键的区位号分别为 42、43、44 和 45。关于字根区位号的分布如下图所示。

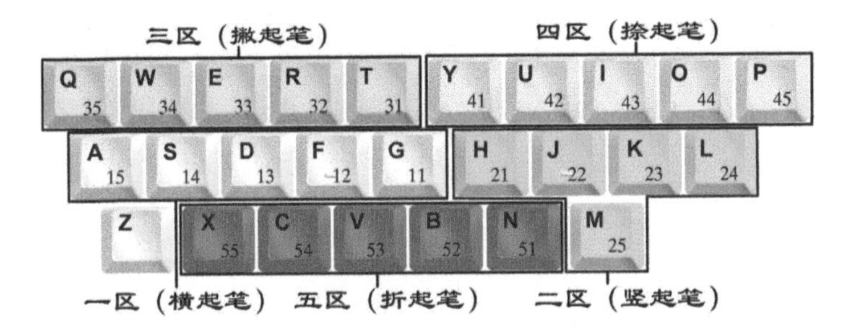

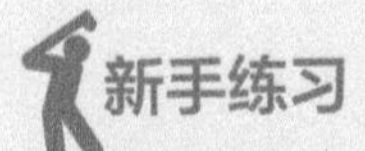

根据字根中区和位的定义，练习写出下面各字母对应键位所在的区位号。

例如：A （15）

G（ ） F（ ） D（ ） S（ ） X（ ） H（ ） J（ ）

K（ ） L（ ） M（ ） T（ ） R（ ） E（ ） W（ ）

Q（ ） Y（ ） U（ ） I（ ） O（ ） P（ ） B（ ）

2.2.2 五笔字根在键盘上的分布图

微课：五笔字根在键盘上的分布图

五笔字型输入法将130多个字根按照字根起笔的代号来进行分区排列，如“五”字根的首笔画是横“一（11）”，就归为横区，即第一区；“目”的首笔画是竖“丨（21）”，就归为竖区，即第二区。所有字根全部分布在除【Z】键外的所有字母键上，五笔字根的键盘分布如下图所示。

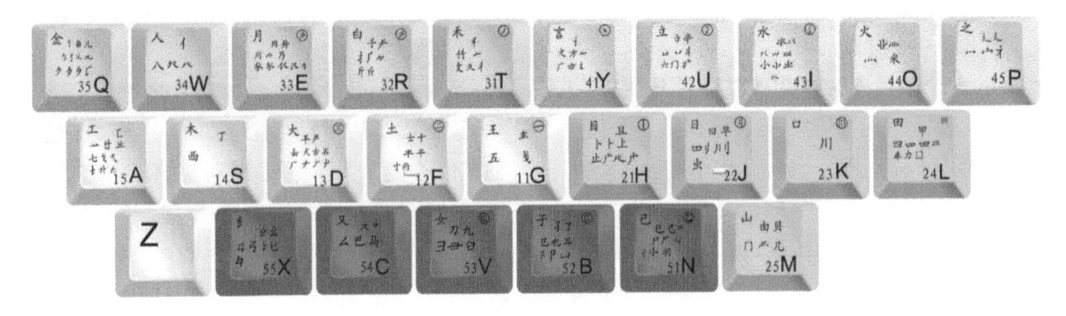

2.2.3 找出字根的内在分布规律

在五笔字根的分布图中，每个键位上的字根主要包括键名字根、成字字根和一般字根，每个区前3个键位右上角有一个带圈表示的字根为单笔画、双单笔画或三单笔画组成的字根。下图所示为【G】键的字根分布规律说明，下面具体介绍字根的分布规律。

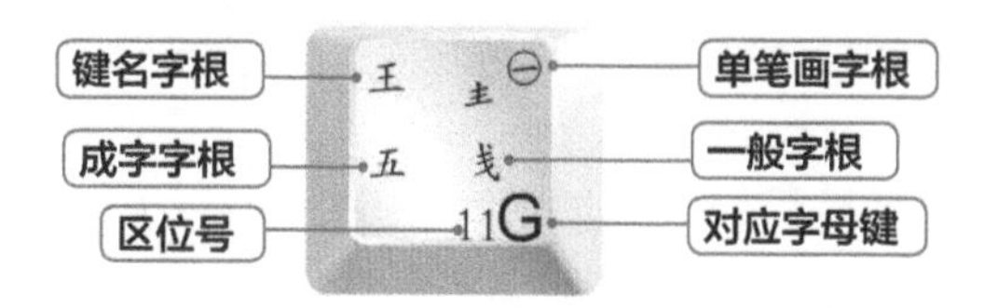

规律1 第一个字根为键名字根

键名字根位于每个键的左上角，是键位上所有字根中最具有代表性的字根，同时也是一个汉字（【X】键上的"纟"除外），故也称为键名字根汉字，如【G】键上的键名字根为"王"。各键位上的键名字根如下图所示。

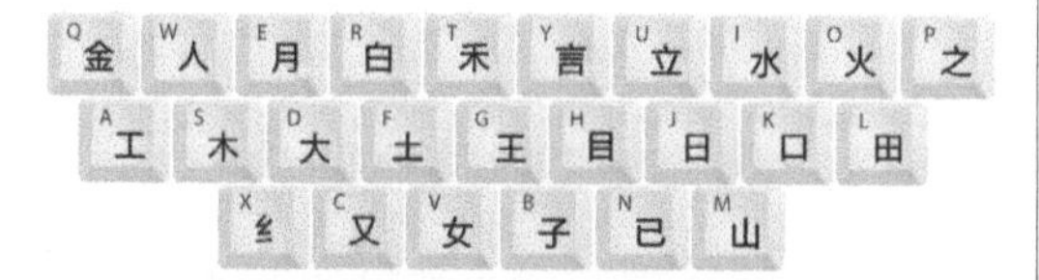

规律2 成字字根为简单的汉字

各键位上除了键名字根外，还有一些完整的汉字字根，如【G】键上的"五"、【S】键上的"西、丁"等字根，它们称为成字字根，同时是简单的汉字，故也称为成字字根汉字。

规律3 字根的首笔笔画与区号一致

一般说来，区号与该键位上所有字根的第一个笔画代号一致，如【G】键上的所有字根的第一笔都是"横"，"横"的代号为"1"，也就是位于一区，因此在记忆字根时可以先按字根的第一个笔画找到它位于哪个区。下表所示为字根的首笔笔画与区号一致的示例及说明。

首笔代号与键位区号一致示例

字根	首笔	代号	键位	区号
犬、三、古、石、厂	一	1	D	1
月、乃、用	丿	3	E	3
文、广、方	丶	4	Y	4
巳、已、乙、尸、心	乙	5	N	5

规律4 字根的第二笔笔画与位号一致

通过字根的首笔可以确定字根所在的区号，而字根的第二笔代号则可以用于确定该字根所在该区的位号。如【G】键上除了"五"字根外的其他字根的第二笔都是"横"，横的代号为"1"，因此位于1位，从而可以得到字根的"区位号"，通过它便可以知道该字根位于哪个键位上。下表所示为部分第二笔笔画与位号一致字根的分布情况示例。

第二笔代号与键位代号一致示例

字根	首笔	第二笔	代号	区位号	键位
禾、竹	丿	一	1	31	T
文、广、方	丶	一	1	41	Y
女、九	乙	丿	3	53	V

规律5 单笔画个数与所在键的位号一致

在五笔字根键盘右上角带圈单笔画字根的分布规律为单笔画个数与所在键的位号一致，即"一、丨、丿、丶、乙"5个单笔画位于每个区的第1

位，即分别位于区位号为11、21、31、41和51的【G】、【H】、【T】、【Y】和【N】键上；“二、刂、⺀、冫、巜”5个双笔画位于每个区的第2位，即分别位于区位号为12、22、32、42和52的【F】、【J】、【R】、【U】和【B】键上。“三、川、彡、氵、巛”5个由单笔画构成的3笔画位于每个区的第3位上，即分别位于区位号为13、23、33、43与53的【D】、【K】、【E】、【I】和【V】键上。

规律6 同一键位上的字根外形相近

五笔将与键名字根外形相近或相似的字根分配在同一键位上，如【G】键的键名字根是“王”，近似字根有“五”“龶”；【N】键的键名字根是“已”，近似字根有“己”“尸”。

下表所示为部分键位的键名汉字与形似字根示例。

键名字根及其形似字根示例

区号	键名字根	键位	形似字根
1	大	D	犬、古、石、厂、ナ
2	目	H	上、且、卜、止、⺊、龰
3	禾	T	彳、攵、竹、⺧、夂
4	言	Y	文、方、广、亠
5	已	N	巳、乙、己、忄、尸、⺌

高手支招

所有五笔字根都遵循上述规律吗

通过对照五笔字根键盘分布图，可以发现其中大部分字根都是按照字根分布原则进行分配的，只有少部分字根的分配不符合以上的原则，需要另行记忆。

新手练习

结合前面介绍的汉字的字型结构及区位号的相关知识，根据上述字根的分布规律，检验键位上的字根记忆情况。

（1）根据字根的5区和5位的划分标准，结合字根的首笔笔画与区号一致、字根的第二笔笔画与位号一致的分布原则，练习写出下面各字根所在的键位和该键位的区位号。

例如：王 （G）（11）

土 （ ）（ ）　人 （ ）（ ）　禾 （ ）（ ）　方 （ ）（ ）
大 （ ）（ ）　月 （ ）（ ）　目 （ ）（ ）　木 （ ）（ ）
白 （ ）（ ）　女 （ ）（ ）　止 （ ）（ ）　七 （ ）（ ）
金 （ ）（ ）　言 （ ）（ ）　水 （ ）（ ）　山 （ ）（ ）
已 （ ）（ ）　又 （ ）（ ）　西 （ ）（ ）　巴 （ ）（ ）
子 （ ）（ ）　车 （ ）（ ）　彡 （ ）（ ）　贝 （ ）（ ）
几 （ ）（ ）　弓 （ ）（ ）　之 （ ）（ ）　寸 （ ）（ ）
又 （ ）（ ）　由 （ ）（ ）　火 （ ）（ ）

（2）综合前面介绍的字根分布规律，写出下列各字根所在的键位区位号及键位。对于无法判断的字根可对照前面的字根图进行查询。

例如：马（C　53）

月（　　）　丁（　　）　阝（　　）　士（　　）　匚（　　）

早（　）	了（　）	田（　）	戋（　）	三（　）
戈（　）	丿（　）	冫（　）	工（　）	七（　）
宀（　）	且（　）	竹（　）	廿（　）	西（　）
亻（　）	子（　）	耳（　）	立（　）	辛（　）
米（　）	礻（　）	二（　）	氵（　）	讠（　）

2.3 巧记五笔字根

为了更好、更快速地帮助用户记忆各键位上的字根，王永民教授为每个键位编制了一句字根口诀（又称助记词），共 25 句五笔字根口诀。字根口诀是一种较为人性化的记忆方法，如每个键位上的字根口诀的第一个字就是该键位的键名字根，用户只需反复朗诵，便可记住这些字根，此外还可采用对比记忆等方法。下面将对字根的记忆方法分别进行详解。

2.3.1 五笔字型输入法的字根总表

五笔字型输入法的字根总表实际上是将字根的键盘分布图按区位、键盘字根、字根、助记词和高频字以表格的形式进行罗列，以便于用户对照和记忆，具体如下表所示。

五笔字型输入法的字根总表

分区	代码	键位	笔画	键名字根	字根	助记词
一	11	G	一	王	王 龶 戋 五 一	王旁青头戋（兼）五一
区	12	F	二	土	土 士 二 干 十 寸 雨 卑	土士二干十寸雨
横	13	D	三	大	大 犬 手 𠂤 镸 手 三 古 石 厂 𠂇 丆 ナ	大犬三羊古石厂
起	14	S		木	木 丁 西	木丁西
笔	15	A		工	工 戈 弋 艹 廿 廾 匚 七	工戈草头右框七
二	21	H	丨	目	目 且 上 丨 止 龰 卜 ⺊ 广 户	目具上止卜虎皮
区	22	J	刂	日	日 曰 四 刂 早 丨 刂 虫	日早两竖与虫依
竖	23	K	川	口	口 川 川	口与川，字根稀
起	24	L		田	田 甲 囗 四 罒 罒 皿 车 力 皿	田甲方框四车力
笔	25	M		山	山 由 贝 冂 皿 几	山由贝，下框几
三	31	T	丿	和	禾 竹 丿 𠂉 彳 攵 夂	禾竹一撇双人立，反文条头共三一
区	32	R	𠂆	白	白 手 𠂤 斤 厂 斤 𠂉 彡	白手看头三二斤
撇	33	E	彡	月	月 彡 罒 乃 用 丹 豕 𧘇 豕 以 彡	月彡（衫）乃用家衣底
起	34	W		人	人 亻 八 癶 癶	人和八，三四里
笔	35	Q		金	金 钅 勹 鱼 犭 乂 儿 儿 夕 夕 夕 厂	金勺缺点无尾鱼，犬旁留叉儿一点夕，氏无七（妻）

续表

分区	代码	键位	笔画	键名字根	字根	助记词
四区捺起笔	41	Y	丶	言	言文方广亠古丶㇏讠圭	言文方广在四一，高头一捺谁人去
	42	U	冫	立	立六辛冫丷丬丷六门疒	立辛两点六门疒（病）
	43	I	氵	水	水氵⺌⺍氺氺业⺌小⺌业	水旁兴头小倒立
	44	O		火	火业灬灬米	火业头，四点米
	45	P		之	之辶廴冖宀礻	之宝盖，摘礻（示）衣
五区折起笔	51	N	乙	已	已巳己㇕乙尸尸心羽忄⺗	已半巳满不出己，左框折尸心和羽
	52	B	巜	子	子孑耳了也凵卩阝巴巜	子耳了也框向上
	53	V	巛	女	女刀九臼彐⺕巛	女刀九臼山朝西
	54	C		又	又巴马厶マス	又巴马，丢矢矣
	55	X		纟	母彑弓匕⺊幺纟纟	慈母无心弓和匕，幼无力
"乙"代表的字根各类折笔			顺时针		𠃌㇇㇆㇋㇈㇉了㇋㇌	
			反时针		乙𠃋㇄𠃊㇂㇙㇛㇉㇆	

2.3.2 助记词分区记忆法

王永民教授发明的 25 句字根助记词（见上表）不仅读起来朗朗上口，而且可通过这些助记词轻松掌握每个键位上的字根。与此同时，在进行口诀记忆时，可适当采用联想记忆法，这样能起到事半功倍的效果。下面将分别介绍利用助记词对各区字根进行分析记忆的方法。

1. 速记横区字根

横区即第一区，其中包括【G】、【F】、【D】、【S】和【A】这5个键位上的字根分布。每个键位上的助记词的含义和例字如下表所示。该区字根应着重记忆【D】键上的"大"及其变形，另外，对于【A】键上的"艹"字根及变形也较多，应注意区分。

微课：速记横区字根

横区字根口诀及释义一览表

键位	助记词	释义	例字
王 龶 五 戋 11G	王旁青头戋（兼）五一	"王旁"为偏旁部首，指"王"（王字旁）；"青头"为"青"字的上半部分"龶"；"兼"实际指"戋"；"五一"指字根"五"和"一"	伍 表 珏 钱 下

续表

键位	助记词	释义	例字
12F	土士二干十寸雨	分别指“土、士、二、干、十、寸、雨”7个字根，另外还应着重记忆“革”字下半部分的“𠂉”字根	卉 坩 付 霏 志 鞋
13D	大犬三羊古石厂	“大、犬、三、古、石、厂”为6个成字字根，“羊”即“⺷、龵”；记住“厂”，就可联想记忆“ナ、ア、ナ”；“古”可看作“石”的变形字根来记忆，除此之外“镸”字根需特殊记忆	厕 奎 伏 砘 故 而 差 肆
14S	木丁西	该句口诀中的每个字符均为基本字根，直接记忆即可	顶 桂 洒
15A	工戈草头右框七	“工、戈、七”为3个基本字根，“草头”即为偏旁部首“草字头”（艹）及形似字根“廿、廾、廾”；“右框”为开口向右的方框“匚”；最后联想记忆与“戈”相似的字根“弋”	黄 式 划 功 区 革

新手练习

分辨以下汉字中有哪些字根属于横区，并指出该字根具体位于横区中的哪个键位上。

例如：奋：字根（大）（D）

碌：字根（ ）（ ）　　芝：字根（ ）（ ）　　匠：字根（ ）（ ）

械：字根（ ）（ ）　　瑟：字根（ ）（ ）　　太：字根（ ）（ ）

七：字根（ ）（ ）　　伍：字根（ ）（ ）　　原：字根（ ）（ ）

本：字根（ ）（ ）　　协：字根（ ）（ ）　　硬：字根（ ）（ ）

基：字根（ ）（ ）　　菜：字根（ ）（ ）　　三：字根（ ）（ ）

2. 速记竖区字根

微课：速记竖区字根

竖区即第二区，其中包括【H】、【J】、【K】、【L】和【M】这5个键位上的字根分布。每个键位上的助记词含义和例字如下表所示。

竖区字根口诀及释义一览表

键位	助记词	释义	例字
21H	目具上止卜虎皮	“目”指“目”字根，“具上”指字根“且”和“上”；“止卜”分别为字根“止、卜”及其相似字根“龰”和“⺊”；“虎皮”即指字根“虍”和“⺁”	晴 具 朴 走 虐 皮
22J	日早两竖与虫依	“日早”指“日”和“早”两个字根，“两竖”指字根“刂”“⺉”和“⺌”，“与虫依”指字根“虫”。记忆字根“日”时，应注意记忆其变形字根“曰”和“⺜”	蝴 汩 归 钊 明 临
23K	口与川，字根稀	“口与川”是指字根“口”和“川”，以及字根“川”的变形字根“⺍”；“字根稀”是指该键上的字根较少	唱 训 带
24L	田甲方框四车力	“田甲”指“田”和“甲”两个字根；“方框”即指“囗”，应注意与【K】键上的字根“口”进行区别；“四车力”均为单个字根，要注意记忆与“四”相似的字根“罒”“⺫”“皿”和“罒”	各 押 办 翼 血 羁 堑 黑
25M	山由贝，下框几	“山由贝”均为单个字根；“下框几”指开口向下的字根“冂”和字根“几”，同时应特别记忆变形字根“⺇”	岗 则 机 骷

新手练习

分辨以下汉字中哪些字根属于竖区，并指出该字根具体位于竖区中的哪个键位上。

例如：风：字根（几）（M）

眶：字根（　　）（　　）	轻：字根（　　）（　　）	朴：字根（　　）（　　）
步：字根（　　）（　　）	囚：字根（　　）（　　）	电：字根（　　）（　　）
崩：字根（　　）（　　）	蛸：字根（　　）（　　）	呈：字根（　　）（　　）
功：字根（　　）（　　）	介：字根（　　）（　　）	舞：字根（　　）（　　）
贡：字根（　　）（　　）	眼：字根（　　）（　　）	顺：字根（　　）（　　）

3. 速记撇区字根

微课：速记撇区字根

撇区即第三区，其中包括【T】、【R】、【E】、【W】和【Q】这5个键位上的字根分布。每个键位上的助记词含义和例字如下表所示。

撇区字根口诀及释义一览表

键位	助记词	释义	例字
31T	禾竹一撇双人立，反文条头共三一	“禾竹一撇”即指字根“禾”“竹”和“丿”；“双人立”和“反文”即指偏旁部首“彳”和“攵”；“条头”指“条”字的上半部分“夂”；“共三一”指这些字根位于区号位为 31 的【T】键	稼 箭 知 条 径 生
32R	白手看头三二斤	“白手”指字根“白”“手”和变形字根“扌”；“看头”指“看”字的上半部分“龵；“三二”指这些字根位于区位号为 32 的键位上，并包括变形字根“𠂉”“⺈”“⺁”；“斤”指字根“斤”和变形字根“𠂆”	反 找 邱 拿 泊 朱
33E	月彡（衫）乃用家衣底	“月衫乃用”指“月”“彡”“乃”以及“用”四个字根；“家衣底”分别指“家”和“衣”字的下部分“豕”和“𧘇”，注意记忆该键上的其他变形字根	服 衫 仍 航 依 嫁
34W	人和八，三四里	“人和八”即指字根“人”和“八”；“三四里”指这些字根均位于区位号为 34 的【W】键上，注意记忆该键上的其他变形字根	穴 葵 代 次

续表

键位	助记词	释义	例字
35Q	金勺缺点无尾鱼，犬旁留叉儿一点夕，氏无七（妻）	“金勺缺点无尾鱼”即指字根“金”“勹”和“⺈”；“犬旁留叉”指字根“犭”和“乂”；“一点夕”指字根“夕”及相似字根“⺈”；“氏无七（妻）”即指“𠂆”字根	勺 久 刹 鲍 光 昏 餐 鉴

新手练习

分辨以下汉字中哪些字根属于撇区，并指出该字根具体位于撇区中的哪个键位上。

例如：钿：字根（钅）（Q）

秀：字根（　）（　）　竹：字根（　）（　）　梦：字根（　）（　）

玫：字根（　）（　）　葵：字根（　）（　）　孕：字根（　）（　）

代：字根（　）（　）　夹：字根（　）（　）　征：字根（　）（　）

有：字根（　）（　）　抒：字根（　）（　）　皂：字根（　）（　）

象：字根（　）（　）　爱：字根（　）（　）

4. 速记捺区字根

捺区即第四区，其中包括【Y】、【U】、【I】、【O】和【P】这5个键位上的字根分布。每个键位上的助记词含义和例字如下表所示。

微课：速记捺区字根

捺区字根口诀及释义一览表

键位	助记词	释义	例字
41Y	言文方广在四一，高头一捺谁人去	“言文方广”指“言”“文”“方”、“广”字根；“在四一”指这些字根位于区位号为41的键位上；“高”头”指“高”字头“亠”和“亩”；“一捺”指基本笔画“㇏”和“丶”字根；“谁人去”即指去掉偏旁部首后的“圭”字根	誓 就 庆 入 住 应 妨 刘

续表

键位	助记词	释义	例字
42U	立辛两点六门病	“立辛”指“立”和“辛”字根；“两点”指“冫”和“丷”字根，及其变形字根“丬”和“䒑”；“六门”即指字根“六”和“门”，“疒”指“病”字的偏旁部首	辜 痛 章 郊 闲 郑
43I	水旁兴头小倒立	“水旁”指“氵”和延伸字根“氺”“⺢”和“水”；“兴头”指“兴”字的上半部分“⺍”“⺌”字根和变形字根“⺌”；“小倒立”指字根“⺍”	沓 瀑 偿 聚 举 紧
44O	火业头，四点米	“火”是一个字根，“业头”指“业”字的上半部分“⺌”字根，及其变形字根“⺌”；“四点”指“灬”字根；“米”为一个字根	炊 奕 严 黑 糙 淡
45P	之宝盖，摘礻（示）衤（衣）	“之”是指“之”字根和其延伸的“辶”字根；“宝盖”是指“冖”和“宀”字根；“摘示衣”是指摘掉“礻”和“衤”的末笔画后的字根“礻”	冤 福 窗 延 芝 逆

新手练习

分辨以下汉字中哪些字根属于捺区，并指出该字根具体位于捺区中的哪个键位上。

例如：信：字根（言）（Y）

率：字根（　）（　）　　永：字根（　）（　）　　瓶：字根（　）（　）

东：字根（　）（　）　　庞：字根（　）（　）　　少：字根（　）（　）

朱：字根（　）（　）　　斌：字根（　）（　）　　数：字根（　）（　）

糁：字根（　）（　）　　试：字根（　）（　）　　农：字根（　）（　）

完：字根（　）（　）　　旗：字根（　）（　）　　彖：字根（　）（　）

冠：字根（　）（　）　　浍：字根（　）（　）　　迦：字根（　）（　）

5. 速记折区字根

折区即第五区，其中包括【N】、【B】、【V】、【C】和【X】这5个键位上的字根分布。每个键位上的助记词含义和例字如下表所示。

微课：速记折区字根

折区字根口诀及释义一览表

键位	助记词	释义	例字
51N	已半巳满不出己，左框折尸心和羽	“已半巳满不出己”分别指字根“已”“巳”和“己”；“左框”指开口向左的框，即字根“コ”；“折”指字根“乙”；“尸”指字根“尸”；“心和羽”指“心、羽”两个字根及变形字根“忄”“㣺”	巨 慕 亿 蕊 屑 谬
52B	子耳了也框向上	“子耳了也”分别指字根“子”“耳”“了”和“也”；“框向上”指开口向上的框“凵”；另外，需要特别记忆“耳”“也”和“子”的变形字根“卩”“阝”“㔾”“乜”以及“孑”	犯 仰 仔 耻 哼 函
53V	女刀九臼山朝西	“女刀九臼”分别指字根“女”“刀”“九”和“臼”；“山朝西”指“山”字开口向西，即指字根“彐”；另外，应特殊记忆“彐”字根的变形字根“⺕”	唐 旭 妞 刃 雪 舀
54C	又巴马，丢矢矣	“又巴马”分别指字根“又”“巴”和“马”；“丢矢矣”指“矣”字去掉下半部分的“矢”字后剩下的字根“厶”及其变形字根“マ”和“ス”	径 予 叉 岂 骖 弁
55X	慈母无心弓和匕，幼无力	“慈母无心”指去掉“母”字中间部分笔画，剩下字根“⺟”；“弓和匕”分别指字根“弓”“匕”，记忆时应注意“匕”的变形字根“𠤎”；“幼无力”指去掉“幼”字右侧的偏旁部首“力”后，剩下的字根“幺”及其变形字根“纟”	丝 贯 匙 引 幽 顷 互 红

新手练习

分辨以下汉字中哪些字根属于折区，并指出该字根具体位于折区中的哪个键位上。

例如：服：字根（卩、又）（B、C）

灵：字根（　　）（　　）　婚：字根（　　）（　　）　巡：字根（　　）（　　）

邓：字根（　　）（　　）　妇：字根（　　）（　　）　么：字根（　　）（　　）

纺：字根（　　）（　　）　母：字根（　　）（　　）　把：字根（　　）（　　）

公：字根（　　）（　　）　系：字根（　　）（　　）　张：字根（　　）（　　）

异：字根（　　）（　　）　骡：字根（　　）（　　）　费：字根（　　）（　　）

出：字根（　　）（　　）　屈：字根（　　）（　　）　旨：字根（　　）（　　）

2.3.3 字根对比记忆法

从五笔字根表中可以看出，五笔字根中的键名字根和成字字根相对而言简单、易记，基本是一些常见的偏旁或简单汉字，我们称之为基本字根。在同一键位上除了这类基本字根外，有一部分变形字根不易记。对于这类变形字根时，由于其形态与基本字根大致相似，所以用户可将其放在一起进行对比记忆。如“戈”的变形字根为“弋”，根据前面介绍的分布规律或助记词只要记住“戈”位于【A】键上，那么后面拆字就能对比判断出“弋”字根也位于【A】键上。下表列出了一些常见的基本字根及其变形字根，以帮助用户对比记忆。

基本字根与变形字根对比表

基本字根	变形字根	基本字根	变形字根	基本字根	变形字根	基本字根	变形字根
戈	弋	手	龵	犬	大	日	曰 罒
刂	刂	四	罒 罒	夕	𠂊 夕	儿	儿
川	川	金	钅	癶	癶	冫	丷 丬 䒑
㠯	㠯	手	龵	斤	厂 斤	纟	幺 纟
水	氺	小	⺌	非	小	之	辶 廴
宀	冖	已	巳 已	卩	卩 㔾	豕	豕
匕	𠤎	廿	廿 龷 廾	上	卜 ⺊	月	用 舟
六	亠	业	丷	心	忄 小	尸	尸
子	孑 了	厂	𠂇 ア 𠂇	又	厶 マ ス	乙	所有折笔

2.3.4 易混字根对比记忆

在五笔字根中，有不少字根非常相像，这些难以辨别的字根，给初学人员带来一定困扰，从而降低了打字的速度。为了快速识别相似、相近字根以及掌握这类字根与相应字根结合的输入方法，下面将分别对这些字根的识别、使用的特点和规律进行讲解。

区分 1 "⺷"与"手"

着字头"⺷"去掉字根"丷"，下面（三横一撇）的字根与（一撇二横一撇）的字根"手"之间区别在于，前者第一笔为横，后者第一笔为撇，因此，前者的字根键为【D】，后者的字根键为【R】。

着 = 着(U) + 着(D) + 着(H)

看 = 看(R) + 看(H)

区分 2 "夕"与"癶"

"夕"与"癶"是两个不同的字根，前者的字根键为【Q】，后者的字根键为【W】。（部分用户还易将"夕"误拆分为两个字根，这是错误的。）

舛 = 舛(Q) + 舛(A) + 舛(H)

察 = 察(P) + 察(W) + 察(F) + 察(I)

区分 3 "㇋"与"乃"

部分用户易将"㇋"与"乃"当成同一个字根或是把"乃"拆分成两个字根，实际上"㇋"与"乃"是两个不同的字根。"乃"是成字字根汉字，位于【E】键，而"㇋"属于折笔画的变形，故位于【N】键。

汤 = 汤(I) + 汤(N) + 汤(R)

奶 = 奶(V) + 奶(E)

区分 4 "礻"与"衤"

很多用户易将"礻"与"衤"判断为一个字根，认为都位于同一个键位上，即【P】键位，而实际上前面助记词中就提到了要"摘示衣"，即摘掉"礻"和"衤"的末笔画后的"⺀"才是正确的字根，因此输入时必须将其拆分为两个字根。

社 = 社(P) + 社(Y) + 社(F)

衫 = 衫(P) + 衫(U) + 衫(E)

区分 5 "隹"与"圭"

"隹"与"圭"都不是独立的字根，需要再拆分。其中"隹"字由单人旁"亻"和"圭"两个字根构成，而"圭"字由两个"土"字根构成。

谁 = 谁(Y) + 谁(W) + 谁(Y)

佳 = 佳(W) + 佳(F) + 佳(F)

区分 6 "戈"与"弋"

"戈"与"弋"两个都是字根，所以使用时无须再将"戈"拆分为两个字根，另外它们都位于同一个字根键上，即【A】键，但在输入时不会有所影响。它们的主要区别在于末笔的识别上，前者的最后一笔为"丿"，后者最后一笔为"丶"。例如，输入"wa(t)"即可打出"伐"字，而输入"wa(y)"则打出"代"字，括号中的编码称为末笔识别码。关于末笔识别码的内容将在下一章详细介绍。

区分 7 “匕”与“七”

“匕”与“七”两者看上去非常类似，其唯一区别在于它们的起笔不相同。通过前面学习的字根的区与位，可知道汉字的起笔决定着字根的区位，因此它们分别位于不同的键位。

比 = 比（X）+ 比（X）

化 = 化（W）+ 化（X）

区分 8 “彡”与“川”

“彡”与“川”虽然字形上较为相似，但它们分别是两个不同的字根，前者的起笔为“撇”，字根键为【E】；后者的起笔为“竖”，字根键为【K】。

须 = 须（E）+ 须（D）+ 须（M）

顺 = 顺（K）+ 顺（D）+ 顺（M）

新手练习

根据助记词记忆五笔字根，并联想各个字根在键位上的分布情况，然后再次检验键位上的字根记忆情况。最后，结合本章所学内容，判断下面这些字根所在的键位。

例如：阝（B）

王（ ）　𠂉（ ）　⺊（ ）　灬（ ）　五（ ）
八（ ）　山（ ）　七（ ）　日（ ）　金（ ）
贝（ ）　之（ ）　土（ ）　尸（ ）　耳（ ）
女（ ）　已（ ）　㐅（ ）　ヨ（ ）　刀（ ）
纟（ ）　木（ ）　马（ ）　一（ ）　丁（ ）
雨（ ）　米（ ）　火（ ）　西（ ）　十（ ）
车（ ）　立（ ）　目（ ）　刂（ ）　彳（ ）
六（ ）　止（ ）　己（ ）　古（ ）　匚（ ）
口（ ）　罒（ ）　水（ ）　禾（ ）　冂（ ）
米（ ）　又（ ）　⺈（ ）　手（ ）　用（ ）
弋（ ）　卩（ ）　彡（ ）　忄（ ）　亠（ ）
皿（ ）　人（ ）　厶（ ）　辶（ ）　丬（ ）
勹（ ）　斤（ ）　门（ ）　卜（ ）　丷（ ）
氵（ ）　弓（ ）　又（ ）　小（ ）
刀（ ）　彐（ ）　心（ ）　几（ ）

新手加油站

1. 如何准确判断汉字的字型结构

判断汉字的字型结构，首先要观察汉字的总体构成，即该汉字主要由哪几部分组成，然后再分析这几部分之间的位置关系，从而准确判断出汉字的字型结构。例如，“怒”字，从总体上讲，该汉字可分为“奴”和“心”两部分，虽然“奴”又能分为“左”“右”两部分，但该汉字的字型仍属于上下结构。

2. 区位号是否需要记忆

区位号并不需要记忆，但必须知道 5 个位是如何在键盘上分布的。区位号按键位排列顺序就能理解。在输入汉字时，首先判断字根的第一笔究竟是属于“横、竖、撇、捺、折”中的哪一类，从而能知道这个字根在哪个区；然后再看该字根在哪个键位上，这里一般是判断汉字的第二笔画。如“大”，它的第一笔为横，表示在第一区；第二笔为“撇”，则表示在第 3 个键位上，这也是在刚开始学习五笔字型输入法时比较常用的一种判断根键位的方法。

仔细观察 86 版五笔字根的键盘分布图，就会发现每一个键位上的字根分布其实是有章可循的。掌握这些字根分布原则后，再记忆字根就可事半功倍。字根在键盘上的分布遵循以下原则：首笔代号与区号基本一致；次笔代号与位号基本一致；单笔画数与位号基本一致；部分字根形态相近。

3. 怎样才能熟练掌握字根

要熟练掌握字根，可以借助拆分汉字的方法进行快速记忆；拆分后再进行输入练习，这样可以加强练习效果。本章主要介绍了一些记忆方法，读者可借助这些内容多做练习，或将双手放在键盘上，每伸出一根手指击键时就默读其助记词及主要字根，若忘记字根的键位，可看字根图加深印象。只要记住规律，再学会拆字，最后多加练习，便可熟练掌握字根。本书接下来两章内容将对拆字、输入方法以及提高打字速度等进行进一步的讲解。此外，若觉得上述练习比较枯燥无味，还可以采用金山打字通等专业软件来练习字根，具体可参见第 4 章的相关内容。

第 3 章

轻松学拆字

本章导读

前面已经了解到五笔打字时需要先把汉字拆分成一个个的字根，然后再将这些字根与键盘上的键位对号入座，并按照拆分原则，依次敲击相应的键位，然后才能输入汉字。本章将讲解汉字的结构关系与拆分原则，以及键面字符、键外字符的拆分与输入方法。学了这些知识，读者就可以开始使用五笔打字了。

天＝天＋天

夫＝夫＋夫

早＝早＋早＋早＋早

离＝离＋离＋离＋离

3.1 汉字的字根结构与拆分原则

由于汉字繁多，要正确拆分每个汉字，除了要掌握汉字的字型与字根之间的关系外，还需要掌握汉字字根间的结构关系以及汉字的拆分原则。

3.1.1 汉字的字根结构关系

微课：汉字的字根结构关系

五笔字型是先由基本笔画组成字根，再由基本字根组成汉字。而汉字中的字根结构也就是字根之间的关系，包括单、散、连、交4种字根结构关系，具体介绍如下。

第1种 "单"字根结构汉字

"单"结构的汉字是指汉字本身就是一个五笔字根，不需要再将其进行拆分，主要是指字根键盘中的键名字根汉字和成字字根汉字。

米 王 口 大 耳

第2种 "散"字根结构汉字

"散"结构的汉字是指汉字是由多个基本字根构成的，在各基本字根之间有一定的距离。在五笔字型输入法中需要将"散"结构的汉字进行拆分。

湖＝湖＋湖＋湖

曾＝曾＋曾＋曾

第3种 "连"字根结构汉字

"连"结构的汉字是由一个基本字根和单笔画组成的。连"字根结构包括两种情况：一是单笔画连一个基本字根，单笔画可连前连后，也可连上连下，如单笔画"一"下连"大"构成汉字"天"，单笔画"丿"下连"日"构成汉字"白"等；二是带点结构汉字，即汉字是由一个孤立的点笔画和一个基本字根构成，但是，不需要考虑该点与基本字根的位置关系。

不＝不＋不

太＝太＋太

第4种 "交"字根结构汉字

"交"结构的汉字是指由几个基本字根交叉相连构成的，各字根之间没有明显的间隔距离。在拆分这类汉字时要注意后面将要介绍的"取大优先"等原则。

申＝申＋申

里＝里＋里

高手支招

字根结构与汉字字型的联系

具有"散"字根结构的汉字的字型为左右型和上下型汉字；具有"单""连""交"字根结构的汉字的字型均为杂合型汉字。

新手练习

掌握汉字间字根的结构关系将有助于正确地拆分汉字，指出下列汉字属于哪种字根结构。

例如：九（单）　　森（散）

山（　） 目（　） 禾（　） 母（　） 火（　） 自（　）
解（　） 婚（　） 线（　） 学（　） 晋（　） 年（　）
于（　） 世（　） 翼（　） 磁（　） 胸（　） 水（　）
在（　） 叉（　） 飞（　） 付（　） 因（　） 且（　）
于（　） 亿（　） 卞（　） 集（　） 客（　） 失（　）
父（　） 臭（　） 兰（　） 基（　） 勺（　） 币（　）
生（　） 牛（　） 丘（　） 央（　） 甲（　） 汉（　）
卡（　） 求（　） 明（　） 历（　） 红（　） 卢（　）

3.1.2 汉字拆分的基本原则

微课：汉字拆分的基本原则

在拆分汉字时，除了键名字根汉字和成字字根汉字以外，在拆分其他汉字时应遵循下面5个五笔字型输入法中汉字的拆分原则。

原则1 “书写顺序”原则

拆分汉字时要先按书写顺序为主原则，然后再遵循其他原则。“书写顺序”原则是指按规定的书写顺序，将汉字拆分为基本字根。书写顺序通常为从左到右、从上到下和从外到内。需要注意的是，带“廴、辶”字根的汉字应先拆分其内部包含的字根汉字。

浮 = 浮(I) + 浮(E) + 浮(B)

避 = 避(N) + 避(K) + 避(U) + 避(P)

原则2 “取大优先”原则

“取大优先”原则是指以“再添一个笔画便不能使其成为另一个字根”为限，使拆分出来的字根的笔画数量应尽量多，而拆分的字根数量则尽量少。

夫 = 夫(F) + 夫(W)　（正确）

夫 = 夫 + 夫　（错误）

原则3 “能连不交”原则

“能连不交”原则是指拆分汉字时，能拆分成“连”字根结构的汉字，就不要拆分成“交”字根结构的汉字。即当一个汉字既可以拆成相连的几个部分，又可以拆成相交的几个部分时，选择“相连”的拆分方法才是正确的，因为一般来说，“连”比“交”更为“直观”。

天 = 天(G) + 天(D)　（正确）

天 = 天 + 天　（错误）

原则4 “能散不连”原则

“能散不连”原则是指拆分汉字时，能拆分成“散”字根结构的汉字就不要拆分成“连”字根结构。

甘 = 甘(A) + 甘(F)　（正确）

甘 = 甘 + 甘　（错误）

轻松学拆字

原则5 “兼顾直观”原则

“兼顾直观”原则是指拆分汉字时，为了使拆分出来的字根更容易辨认，往往不会遵循“书写顺序”的原则，形成个别例外的情况。例如下面的“自”字拆分示例中，按照第二种拆分方法，不仅不直观，而且也有悖于“自”字的字源（该字源于“一个手指指着鼻子”），故只能拆为“丿、目”，这就叫作“兼顾直观”。

T　H

自 = 自 + 自　（正确）

自 = 自 + 自 + 自　（错误）

高手支招

如何遵循汉字的拆分原则

拆分汉字时，应遵循一个总体原则：书写顺序最优先，无论如何也不能连的字就以“取大优先”为准则，只要是能连下来的字就以“兼顾直观”为准则。需要注意的是：上述几项原则之间相辅相成，并非相互独立。

新手练习

试着用上述5个汉字的拆分原则拆分以下汉字，并将拆分后的字根写在括号中。拆分时应注意，只需找出该汉字的第一、二、三和末字根即可。

例如：因（口、大）

丧（　）　包（　）　琼（　）　在（　）　鲁（　）
夫（　）　替（　）　瑶（　）　高（　）　余（　）
你（　）　别（　）　滩（　）　堕（　）　邦（　）
信（　）　造（　）　低（　）　此（　）　交（　）
藻（　）　就（　）　薪（　）　彼（　）　输（　）
息（　）　伥（　）　航（　）　丹（　）　胸（　）
规（　）　辈（　）　丧（　）　陆（　）　麦（　）
怯（　）　冉（　）　秧（　）　页（　）　来（　）
平（　）　期（　）　赈（　）　瑞（　）　恶（　）
开（　）　勤（　）　伴（　）　典（　）　俄（　）
畅（　）　耕（　）　弹（　）　奠（　）　春（　）
阻（　）　要（　）　刻（　）　筹（　）　向（　）
害（　）　是（　）　划（　）　阻（　）　生（　）
龟（　）　否（　）　诬（　）　否（　）　环（　）
补（　）　睹（　）　茵（　）　弹（　）　东（　）
沸（　）　蚩（　）　擦（　）　升（　）
腾（　）　捱（　）　罗（　）　划（　）

第3章

3.2 键面字符的拆分与输入

键面字符是指在五笔字型输入法中各个键位上存在的字根，且这个字根本身就是一个汉字或部首。键面字符包括键名字根、成字字根汉字、偏旁部首和 5 种单笔画。下面分别对这些键面字符的拆分与输入进行讲解。

3.2.1 键名字根的输入

微课：键名字根的输入

前面提到过，在五笔字型输入法的字根键盘中的每一个键的左上角都有一个简单的汉字，称为键名字根（除【X】键上的“纟”字根外）。输入键名字根并不是敲击该键位即可输入，其正确的取码规则是连续敲击汉字所在键位 4 次。

例如，键名字根“金”位于三区的【Q】键上，连续敲击 4 次【Q】键即可输入“金”字；键名字根“之”位于四区的【P】键上，连续敲击 4 次【P】键即可输入“之”字等。

需要注意的是，【Y】键上的键名字根“言”，需要敲击 3 次对应键位后再补击空格键才能完成输入，这类键名字根需单独记忆。键名字根的输入方法比较简单，重点是要熟悉每个键位对应的键名字根。

新手练习

启动记事本或写字板程序，切换到五笔字型输入法。练习输入下面的键名字根，若仍不熟悉键名字根的键位分布，可以参照第 2 章的键名字根分布图进行对照，然后反复练习，巩固其输入方法。

金 工 人 木 月 大 又 白 土 女 禾 王 子 言 目 已 立

日 山 水 口 火 田 之

3.2.2 成字字根汉字的输入

微课：成字字根汉字的输入

在五笔字型字根中，除【P】键外，其余 24 个字母键位上均有成字字根汉字，成字字根由于其特殊性，输入方法与键名字根有所不同。成字字根汉字的输入方法为：先敲一下成字字根所在的键，即称为“报户口”，然后按其书写顺序依次敲击首笔笔画、次笔笔画和末笔笔画所在键位，若不足 4 码则补击空格键。

示例 1 输入“士”字

成字字根汉字“士”位于一区的【F】键上，首笔笔画为“一”，次笔笔画为“丨”，末笔笔画为“一”，故五笔编码为“FGHG”。

士 = 士(F) + 士(G) + 士(H) + 士(G)

示例 2 输入“早”字

成字字根汉字“早”位于二区的【J】键上，首笔笔画为“丨”，次笔笔画为“乙”，末笔笔画为“丨”，故五笔编码为“JHNH”。

早 = 早(J) + 早(H) + 早(N) + 早(H)

示例3 输入“雨”字

成字字根汉字“雨”位于一区的【F】键上，首笔笔画为“一”，次笔笔画为“丨”，末笔笔画为“丶”，故五笔编码为“FGHY”。

雨 = 雨(F) + 雨(G) + 雨(H) + 雨(Y)

示例4 输入“九”字

成字字根汉字“九”位于五区的【V】键上，首笔笔画为“丿”，末笔笔画为“乙”，故五笔编码为“VTN+空格”。

九 = 九(V) + 九(T) + 九(N)

新手练习

成字字根汉字的输入方式比键名字根的输入方式更复杂，在输入成字字根汉字时，首先应该知道哪些汉字是成字字根汉字，并熟记其取码规则，才能达到快速输入的目的。练习拆分下面的成字字根汉字，写出其五笔编码，然后启动记事本程序，切换到五笔字型输入法进行输入。

例如：五（GGHG）

士（ ）　二（ ）　干（ ）　十（ ）　寸（ ）
雨（ ）　三（ ）　古（ ）　石（ ）　厂（ ）
犬（ ）　丁（ ）　西（ ）　戈（ ）　七（ ）
上（ ）　止（ ）　早（ ）　虫（ ）　川（ ）
甲（ ）　口（ ）　四（ ）　车（ ）　力（ ）
由（ ）　贝（ ）　竹（ ）　手（ ）　斤（ ）
八（ ）　夕（ ）　文（ ）　方（ ）　广（ ）
辛（ ）　六（ ）　门（ ）　小（ ）　米（ ）
巳（ ）　己（ ）　尸（ ）　心（ ）　羽（ ）
耳（ ）　了（ ）　也（ ）　刀（ ）　九（ ）
巴（ ）　马（ ）　弓（ ）

3.2.3 偏旁部首的输入

在五笔字型输入法中，除了可以输入单个的汉字和词组外，还可以输入汉字的偏旁部首。若该偏旁部首本身就是一个字根，其输入方法与成字字根的输入方法完全相同；若偏旁部首不足4码，则补击空格键即可；若偏旁部首不是一个字根则按单字的拆分原则进行输入。常见偏旁部首的拆分如下表所示。

常见偏旁部首的拆分

偏旁部首	拆分字根	编码	偏旁部首	拆分字根	编码
艹	艹、一、丨、丨	AGHH	扌	扌、一、丨、一	RGHG
夂	夂、丿、乙、㇏	TTNY	冖	冖、丿、乙	PYN
彳	彳、丿、丿、丨	TTTH	疒	疒、丶、一、一	UYGG

续表

偏旁部首	拆分字根	编码	偏旁部首	拆分字根	编码
亻	亻、丿、丨	WTH	阝	阝、乙、丨	BNH
彡	彡、丿、丿、丿	ETTT	氵	氵、丶、丶、一	IYYG
夕	夕、丿、乙、丶	QTNY	厶	厶、乙、丶	CNY
刂	刂、丨、丨	JHH	宀	宀、丶、丶、乙	PYYN
廾	廾、一、丿、丨	AGTH	辶	辶、丶、乙	PYN(Y)
廿	廿、一、丨、一	AGHG	廴	廴、乙、丶	PNY
弋	弋、一、乙、丶	AGNY	灬	灬、丶、丶、丶	OYYY
冫	冫、丶、一	UYG	忄	忄、丶、丨、丶	NYHY
钅	钅、丿、一、乙	QTGN	纟	（键名字根）	XXXX
匚	匚、一、乙	AGN	丬	丬、丶、一、丨	UYGH
囗	囗、丨、乙、一	LHNG	巛	巛、乙、乙、乙	VNNN
凵	凵、乙、丨	BNH			

3.2.4 5 种单笔画的输入

微课：5 种单笔画的输入

在五笔字型中，横（一）、竖（丨）、撇（丿）、捺（㇏）和折（乙）5 种单笔画并不是汉字，且较少单独输入。但使用五笔字型输入法时可打出这 5 种单笔画。其输入方法为：连续敲其所对应的键位两次，然后再按【L】键两次，即“一”的五笔编码为“GGLL”，“丨”的五笔编码为“HHLL”，“丿”的五笔编码为“TTLL”，“㇏”的五笔编码为“YYLL”，“乙”的五笔编码为“NNLL”。

3.3 键外汉字的拆分与输入

键外汉字是除键名字根和成字字根汉字外的汉字，也称为五笔字型字根表外的汉字。输入键外汉字首先需要将汉字拆分为字根，然后按相应规则输入汉字对应的编码即可完成汉字的输入。下面将根据汉字所能拆分出的字根数量的不同，分别讲解其输入方法。

3.3.1 四码汉字的输入方法

微课：四码汉字的输入方法

若输入的汉字只能拆分出 4 个字根，则这种汉字称为四码汉字。四码汉字的取码规则很简单，只需要按书写顺序将汉字拆分为字根，再输入各个字根对应的编码即可。

示例 1 **输入“绳”字**

根据“书写顺序”原则进行拆分，拆分时需注意“电”不能拆分成“口”和“七”，这样就违背了“取大优先”的原则，故“绳”字的五笔编码为“XKJN”。

X K J N
绳＝绳＋绳＋绳＋绳

示例 2 **输入“离”字**

根据“书写顺序”原则从上至下进行拆分，拆分时需注意上半部分是由“文”和“凵”两个字根组成，不能拆分成“亠”“乂”和“凵”，故“离”字的五笔编码为“YBMC”。

Y B M C
离＝离＋离＋离＋离

新手练习

练习拆分下面的四码汉字，写出其五笔编码，然后启动记事本程序，切换到五笔字型输入法进行输入。

例如：资（UQWM）

使（ ） 等（ ） 制（ ） 命（ ） 教（ ）
都（ ） 常（ ） 造（ ） 热（ ） 型（ ）
照（ ） 被（ ） 含（ ） 够（ ） 律（ ）

3.3.2 不足四码汉字的输入

微课：不足四码汉字的输入

不足四码汉字的取码规则是取汉字可拆分出的前几个字根编码，然后再输入该汉字的五笔识别码。五笔识别码的概念及判别方法介绍如下。

1. 五笔识别码的概念

五笔识别码全称为“五笔末笔交叉识别码”，其作用是区分由相同键位上的不同字根组成的汉字或字根相同但结构不同的汉字。在拆分不足4个字根的汉字时，由于字根信息量不足，可能会出现较多编码相同的汉字（即重码现象）。此时，就需要根据该汉字的组成结构输入一个五笔识别码。

如输入“她”字，首先将其拆分为字根“女”和“也”，然后输入对应编码【V】和【B】，此时，在出现的文字候选框中并没有“她”字，这时就需要用到五笔识别码。因此添加五笔识别码的情况，通常应用于拆分后不够4个字根的汉字中。

2. 五笔识别码的判别与使用

五笔识别码由书写汉字时最后一笔笔画的代码作为末笔识别码的区号，该汉字的字型结构作为末笔识别码的位号。由此，组成一个末笔字型交叉识别码表，如下表所示。

末笔字型交叉识别码表

末笔	左右型（1）	上下型（2）	杂合型（3）
横(1)	G（11）	F（12）	D（13）
竖(2)	H（21）	J（22）	K（23）
撇(3)	T（31）	R（32）	E（33）
捺(4)	Y（41）	U（42）	I（43）
折(5)	N（51）	B（52）	V（53）

"她"字的最后一笔为"折"，区号为"5"，字型为左右结构，代码为"1"，其识别码为"51"，即【N】键，故"她"字的五笔编码为"VBN"。若添加末笔字型交叉识别码后还不足4码，则按空格键补齐即可。

综上所述，在判定汉字的末笔字型交叉识别码时，对末笔笔画的确定非常重要。除了按书写顺序取汉字的末笔笔画外，对于全包围和半包围等特殊结构的汉字以及与书写顺序不一致的汉字，还有以下3种特殊约定。

- **全包围和半包围结构汉字末笔码判别：** 对于全包围与半包围结构的汉字，如"因""囚""建""边"和"区"等，其末笔笔画规定为被包围部分的最后一笔笔画。如"因"字是全包围结构的汉字，其被包围部分是"大"，而"大"的最后一笔又被规定为"捺"，所以"因"字的末笔笔画也为"捺"，其区号为"4"，又由于它是杂合结构，所以其位号为"3"，最终得到末笔字型交叉识别码为43，即【I】键。
- **与书写顺序不一致的汉字末笔判别：** 对于末笔笔画与书写顺序不一致的汉字，如"刀"和"力"等，因此，在五笔字型输入法中对此类汉字进行了特别规定，当需要判别这类汉字的末笔笔画时，一律以其最长的"乙(折)"作为最后一笔笔画。
- **特殊汉字末笔判别：** 对于"成""戋"和"我"等汉字的末笔笔画有较大争议，在五笔字型输入法中，当需要判别这类汉字的末笔笔画时，一律将这类汉字以"丿(撇)"作为最后一笔笔画。

新手练习

末笔字型交叉识别码是五笔字型输入法中较难掌握的知识点之一，读者应熟练掌握其判别方法，对于一些特殊字型应单独记忆。写出下列汉字的末笔及识别码的键位。

例如：浅(丿)(T)

旭( )( )　内( )( )　听( )( )　学( )( )
元( )( )　历( )( )　见( )( )　友( )( )
千( )( )　办( )( )　习( )( )　困( )( )
入( )( )　功( )( )　仪( )( )　乏( )( )
灭( )( )　估( )( )　奋( )( )　艺( )( )
英( )( )　肛( )( )　呆( )( )　衣( )( )
曲( )( )　艿( )( )　国( )( )　住( )( )
花( )( )　仰( )( )　民( )( )　处( )( )
巴( )( )　包( )( )　法( )( )　分( )( )
贯( )( )　艺( )( )　这( )( )　出( )( )
切( )( )　龙( )( )　户( )( )　所( )( )
飞( )( )　门( )( )　收( )( )　亏( )( )
通( )( )　左( )( )　买( )( )　夭( )( )
北( )( )　皂( )( )　达( )( )　诚( )( )

3.3.3 超过四码汉字的输入

当拆分的汉字多于 4 个字根时，不需要依次输入每个字根的编码，而是取汉字的第一、二、三个字根和最后一个字根，然后输入对应字根的编码。

微课：超过四码汉字的输入

示例 1 输入“藏”字

“藏”字笔画虽多，但只需根据“书写顺序”原则和结合超过四码汉字的取码规进行拆分便可，其第一、二、三和最后一个字根的拆分如下图所示。

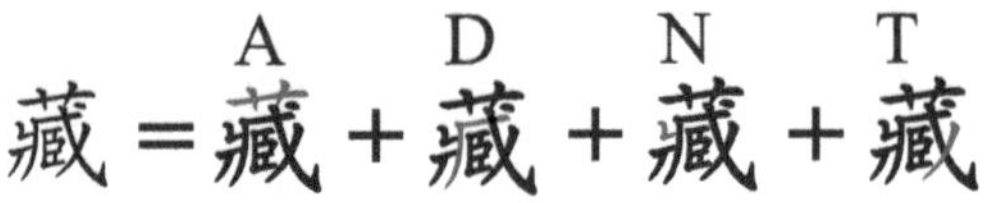

A D N T
藏 = 藏 + 藏 + 藏 + 藏

示例 2 输入“髓”字

“髓”字笔画也较多，但各字根间间距较远，比较容易判断。这里需注意“辶”为最末字根，所以正确的拆分编码为“MEDP”。具体的拆分如下图所示。

M E D P
髓 = 髓 + 髓 + 髓 + 髓

新手练习

练习拆分下面超过四码的汉字，写出其五笔编码，然后启动记事本程序，切换到五笔字型输入法进行输入。

例如：寡（PDEV）

鼎（　　）　儆（　　）　撇（　　）　餐（　　）　露（　　）
豫（　　）　繁（　　）　躞（　　）　鸳（　　）　鸯（　　）
鏊（　　）　朦（　　）　靡（　　）　磨（　　）　蹭（　　）
籍（　　）　饷（　　）　蠢（　　）　惬（　　）　幕（　　）
僚（　　）　湛（　　）　蓝（　　）　冤（　　）　编（　　）

3.3.4 重码字的输入

当输入一组五笔编码后，有时会在候选框中出现几个不同的字，此时需要进行选择才能输入所需汉字，这几个具有相同编码的汉字就称为“重码字”。例如，输入编码“FCU”后，在候选框中出现的“去”“云”和“支”3 个字的输入编码都是一样，这便是五笔字型输入法中的“重码”现象。

在有重码字的候选框中，通常将最常用的重码字放在第一位，如果需要输入该汉字，则直接按空格键便可将该汉字自动输入到光标位置。若需要的是重码中的其他汉字，则可根据它前面对应的数字键“1、2、3…”输入相应的数字即可。五笔字型输入法中的重码字较少，所以实际输入中选字的情况较少，而且可利用下一章将要介绍的简码输入来减少重码现象的出现。

3.4 五笔字型输入法编码总结归纳

本章介绍了五笔字型输入法中单个汉字的拆分与输入，为了便于巩固所学知识，下图中罗列了键名字根及成字字根的取码规则，以及非键面字（键外汉字）的拆分依据及取码规则，并对五笔识别码的判定进行了归纳，通过该表便可全部掌握五笔中单字的编码规则。

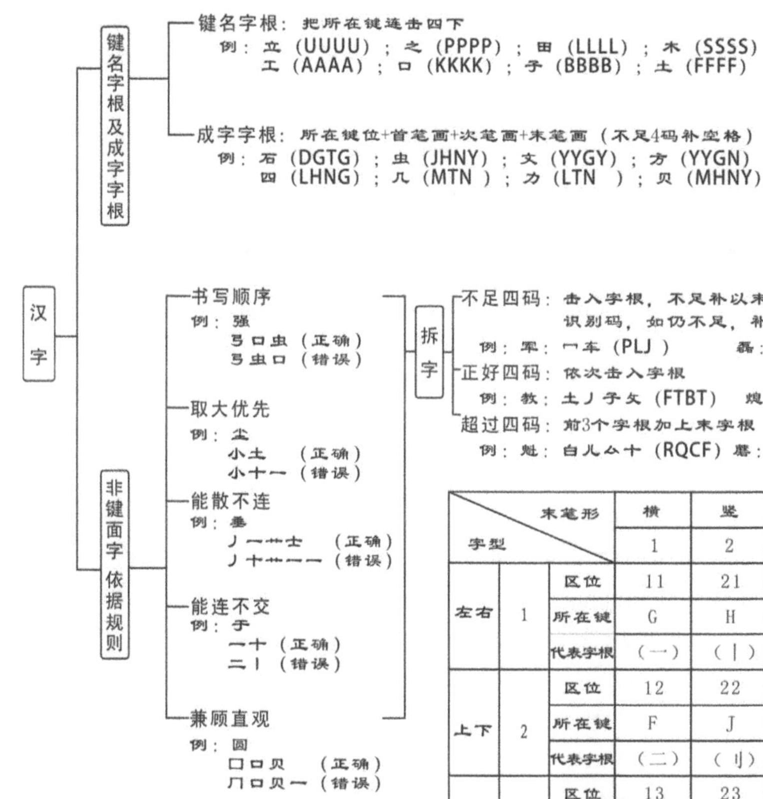
汉字
键名字根及成字字根
键名字根：把所在键连击四下
例：立（UUUU）；之（PPPP）；田（LLLL）；木（SSSS）
工（AAAA）；口（KKKK）；子（BBBB）；土（FFFF）
成字字根：所在键位+首笔画+次笔画+末笔画（不足4码补空格）
例：石（DGTG）；虫（JHNY）；文（YYGY）；方（YYGN）
四（LHNG）；几（MTN）；力（LTN）；贝（MHNY）
非键面字依据规则
书写顺序
例：强
弓口虫（正确）
弓虫口（错误）
取大优先
例：尘
小土（正确）
小十一（错误）
能散不连
例：垂
丿一艹士（正确）
丿十艹一一（错误）
能连不交
例：于
一十（正确）
二丨（错误）
兼顾直观
例：圆
口口贝（正确）
冂口贝一（错误）
拆字
不足四码：击入字根，不足补以末笔识别码，如仍不足，补空格
例：军：冖车（PLJ）　磊：石石石（DDDF）
正好四码：依次击入字根
例：教：土丿子攵（FTBT）　熄：火丿目心（OTHN）
超过四码：前3个字根加上末字根
例：魁：白儿厶十（RQCF）　蘑：艹广木石（AYSD）

字型		末笔形	横	竖	撇	捺	折
			1	2	3	4	5
左右	1	区位	11	21	31	41	51
		所在键	G	H	T	Y	N
		代表字根	（一）	（丨）	（丿）	（丶）	（乙）
上下	2	区位	12	22	32	42	52
		所在键	F	J	R	U	B
		代表字根	（二）	（刂）	（彡）	（冫）	（巜）
杂合	3	区位	13	23	33	43	53
		所在键	D	K	E	I	V
		代表字根	（三）	（川）	（彡）	（氵）	（巛）

新手加油站

1．五笔打字时怎样快速、准确地拆分出字根

五笔打字就是将汉字拆分成字根，再将字根对应的键位作为编码进行输入，因此学会五笔打字的前提是拆分汉字，而拆分汉字必须要理解 5 个拆分原则。刚开始进行拆分时会有拆分错误的情况，这时可仔细对照拆分原则和字根表，若仍不能正确拆分就查询字典中的正确拆分，查询后一定要牢记正确的拆分方法，这样下次便可以正确拆分汉字了。

另外，一般学五笔字型输入法的方法是“记字根→学拆字→学取码规则和末笔交叉识别码→正式打字”。因为第一步是记字根，而五笔字型的字根有一百多个，很难记忆，所以有的学员就打退堂鼓了。其实关于记字根，很多五笔高手自己并不能背出字根，但手放在键盘上便能打出字，因为字根是根据键的位置来划分区和位的，因此只需对字根的分区和大致分布有所掌握后，便可开始学习拆分汉字和输入汉字，这样一边打字、一边通过记忆和不断的练习来巩固字根的位置。

2. 遇到不会拆的汉字怎么办

遇到不会拆的汉字时可查看字根表，找出字根所在位置并加以记忆。如果是拆分不正确，则可利用搜狗拼音输入法的五笔拼音混输模式，通过输入拼音来查询五笔编码，或者查询五笔字典，或者上网查询正确的编码及拆分，最后加以分析与总结，下次才能正确输入。

在拆分汉字的过程中，有一些比较容易拆错，且较难拆分的特殊汉字，下表列出部分特殊汉字的正确拆分方法（不含识别码），以此来加深大家对这类汉字的理解，并在记忆这些汉字的拆分方法时，联想记忆类似汉字的拆分方法。

容易拆错汉字一览表

汉字	拆分字根	编码	汉字	拆分字根	编码
棵	木、日、木	SJS	铁	钅、𠂉、人	QRW
牙	匚丨丿	AHT	拜	手、三、十	RDF
追	亻、コ、コ、辶	WNNP	曹	一、冂、廿、日	GMAJ
段	亻、三、几、又	WDMC	临	刂、𠂉、丶、罒	JTYJ
貌	爫、犭、白、儿	EERQ	黄	龷、由、八	AMW
寒	宀、二、川、冫	PFJU	剩	禾、丬、匕、刂	TUXJ
臣	匚、丨、コ、丨	AHNH	彤	冂、一、彡	MYE
徐	彳、人、禾	TWT	舞	𠂉、卌、一、丨	RLGH
凸	丨、一、冂、一	HGMG	鬼	白、儿、厶	RQC
卵	𠂆、丶、丿、丶	QYTY	身	丿、冂、三、丿	TMDT
夜	亠、亻、夂、丶	YWTY	成	厂、乙、乙、丿	DNNT
书	乙、乙、丨、丶	NNHY	既	ヨ、厶、匚、儿	VCAQ
尴	𠂇、乙、刂、皿	DNJL	氏	𠂆、七	QA
承	了、三、水	BDI	奉	三、人、二、丨	DWFH
遇	日、冂、丨、辶	JMHP	曲	冂、龷	MA
州	丶、丿、丶、丨	YTYH	饮	勹、乙、勹、人	QNQW
像	亻、⺈、罒、豕	WQJE	赢	亠、乙、口、丶	YNKY
凹	冂、冂、一	MMGD	出	凵、山	BM
载	十、戈、车	FAL	盛	厂、乙、乙、皿	DNNL
鸟	勹、丶、乙、一	QYNG	辦	辛、𠂆、厶、辛	URCU

第 4 章

五笔打字高手的诞生

本章导读

前面介绍了五笔字型输入法中单个汉字的取码规则及输入方法。为了提高打字速度，减少击键的次数，五笔字型输入法还提供了简码与词组输入方式。此外，为了快速提升五笔打字速度，还需要加强打字练习。本章将详细讲解简码与词组的输入方法，以及如何通过金山打字通等五笔打字练习软件进行有针对性的打字练习。

4.1 简码的输入

简码是指在五笔全码的基础上省去最后一个或两个编码录入的汉字编码，再补击空格键输入。使用简码可以减少击键次数，也减少了对末笔交叉识别码的判定，从而提高打字速度。在五笔字型输入法中简码共有3类：一级简码、二级简码和三级简码，下面将分别进行介绍。

4.1.1 一级简码

微课：一级简码

五笔字型输入法将最常用的25个汉字归纳为一级简码，这些汉字使用频率较高，又称为高频字。一级简码被分布在键盘5个区中的25个键位上（【Z】键除外），每个键位对应一个汉字，如下图所示。

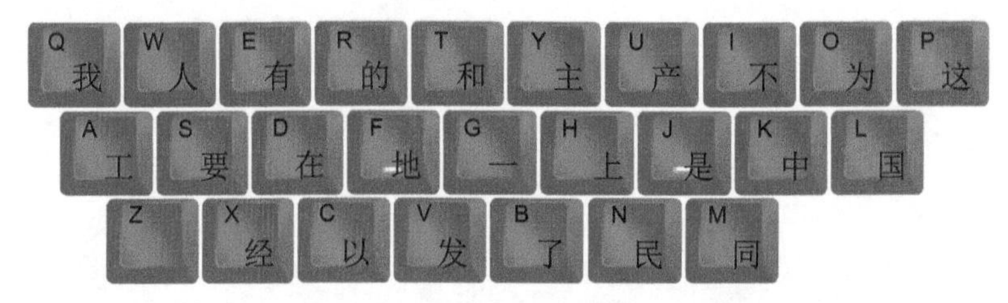

通过上图可以看出，一级简码的分布规律是按汉字的首笔笔画来进行分类的。即首笔为“横”时位于一区；首笔为“竖”时位于二区；首笔为“撇”时位于三区；首笔为“捺”时位于四区；首笔为“折”时位于五区。输入一级简码的方法为：敲击一级简码所在键位一次，然后补击空格键。

例如，输入“地”字时只需键入编码“F”，再按空格键便可输入；输入汉字“有”时，只需键入编码“E”，再按空格键便可输入。

新手练习

启动记事本程序，练习输入“一地在要工，上是中国同，和的有人我，主产不为这，民了发以经”这25个一级简码汉字，反复练习就可将这25个一级简码牢记下来。

4.1.2 二级简码

微课：二级简码

二级简码是指汉字的编码只有两位。输入二级简码时可以避开取其余编码或最后一个识别码的击键次数，所以输入时相对快捷。二级简码的取码规则是：输入汉字前两个字根所在的编码，然后补击空格键。

示例 1 输入“原”字

“原”字应拆分为“厂、白、小”，由于其为二级简码汉字，故只需敲击前两个字根所在键位，再按空格键即可输入。

U R

原 = 原 + 原

示例 2 输入“瞳”字

“瞳”字应拆分为“目、立、日、土”，由于其为二级简码汉字，故只需敲击前两个字根所在键位，再按空格键即可输入。

H U

瞳 = 瞳 + 瞳

二级简码汉字共有607个，如下表所示。表中横排为区号，竖排为位号，区号和位号加起来就是该字的二级简码，如“理”字的二级简码为“GJ”，为空则表示该键位上没有对应的二级简码汉字。

二级简码表

	GFDSA	HJKLM	TREWQ	YUIOP	NBVCX
	11 —— 15	21 —— 25	31 —— 35	41 —— 45	51 —— 55
G11	五于天末开	下理事画现	玫珠表珍列	玉平不来	与屯妻到互
F12	二寺城霜载	直进吉协南	才垢圾夫无	坟增示赤过	志地雪支
D13	三夺大厅左	丰百右历面	帮原胡春克	太磁砂灰达	成顾肆友龙
S14	本村枯林械	相查可楞机	格析极检构	术样档杰棕	杨李要权楷
A15	七革基苛式	牙划或功贡	攻匠莱共区	芳燕东 芝	世节切芭药
H21	睛睦睚盯虎	止旧占卤贞	睡睥肯具餐	眩瞳步眯瞎	卢 眼皮此
J22	量时晨果虹	早昌蝇曙遇	昨蝗明蛤晚	景暗晃显晕	电最归紧昆
K23	呈叶顺呆呀	中虽吕另员	呼听吸只史	嘛啼吵噗喧	叫啊哪吧哟
L24	车轩因困轼	四辊加男轴	力斩胃办罗	罚较 辚边	思团轨轻累
M25	同财央朵曲	由则 崭册	几贩骨内风	凡赠峭赕迪	岂邮 凤嶷
T31	生行知条长	处得各务向	笔物秀答称	入科秒秋管	秘季委么第
R32	后持拓打找	年提扣押抽	手折扔失换	扩拉朱搂近	所报扫反批
E33	且肝须采肛	胩胆肿肋肌	用遥朋脸胸	及胶膛膦爱	甩服妥肥脂
W34	全会估休代	个介保佃仙	作伯仍从你	信们偿伙	亿他分公化
Q35	钱针然钉氏	外旬名甸负	儿铁角欠多	久匀乐炙锭	包凶争色
Y41	主计庆订度	让刘训为高	放诉衣认义	方说就变这	记离良充率
U42	闰半关亲并	站间部曾商	产瓣前闪交	六立冰普帝	决闻妆冯北
I43	汪法尖洒江	小浊澡渐没	少泊肖兴光	注洋水淡学	沁池当汉涨
O44	业灶类灯煤	粘烛炽烟灿	烽煌粗粉炮	米料炒炎迷	断籽娄烃糨
P45	定守害宁宽	寂审宫军宙	客宾家空宛	社实宵灾之	官字安烃它
N51	怀导居 民	收慢避惭届	必怕 愉懈	心习悄屡忱	忆敢恨怪尼
B52	卫际承阿陈	耻阳职阵出	降孤阴队隐	防联孙耿辽	也子限取陛
V53	姨寻姑杂毁	叟旭如舅妯	九 奶 婚	妨嫌录灵巡	刀好妇妈姆
C54	骊对参骠戏	骒台劝观	矣牟能难允	驻骈 驼	马邓艰双
X55	线结顷 红	引旨强细纲	张绵级给约	纺弱纱继综	纪弛绿经比

五笔打字高手的诞生

新手练习

二级简码都是比较常用的汉字，对于这些简码字不用死记硬背，可以在打字时通过键入前两码来观察候选框中第 1 位是否显示出该汉字，若位于第 1 位，表示再补按空格键便可输入，那么该字即为二级简码。填写下面的二级简码汉字的五笔编码，然后启动写字板程序，使用五笔字型输入法练习输入。

例如：煌（OR）

析（　　）　构（　　）　化（　　）　这（　　）　学（　　）　生（　　）
共（　　）　朵（　　）　冰（　　）　志（　　）　燕（　　）　楷（　　）
说（　　）　放（　　）　包（　　）　奶（　　）　本（　　）　区（　　）
作（　　）　信（　　）　行（　　）　攻（　　）　果（　　）　宵（　　）
钱（　　）　胶（　　）　如（　　）　队（　　）　开（　　）　成（　　）
计（　　）　空（　　）　澡（　　）　须（　　）　米（　　）　肌（　　）

4.1.3 三级简码

微课：三级简码

三级简码是指汉字的编码有 3 位。三级简码的取码规则是：输入汉字前 3 个字根所在的编码，然后补击空格键即可。三级简码汉字较多，不容易记住，读者只有多进行练习才能掌握三级简码。

示例 1　输入“辐”字

“辐”字应拆分为“车、一、口、田”，由于其为三级简码汉字，故只需敲击前 3 个字根所在键位，再按空格键即可输入。

L　G　K

辐 = 辐 + 辐 + 辐

示例 2　输入“黄”字

“黄”字应拆分为“廾、由、八”，由于不足3码，需要判断其识别码，但该字为三级简码汉字，故不需要再判断识别码，直接敲击 3 个字根所在键位，再按空格键即可输入。

A　M　W

黄 = 黄 + 黄 + 黄

高手支招

采用全码也可输入简码字

无论是一级简码、二级简码还是三级简码，都可以输入单字全码的方式来输入汉字，其不足之处是会多次敲击键位，从而降低了文字录入速度。建议读者多掌握简码的使用方法。

高手支招

简码的运用技巧

在输入简码汉字时，应首先使用一级简码输入，然后依次使用二级简码、三级简码输入，如“我”字可以用这 3 种编码中的任何一种方式来输入，但使用一级简码输入最快。

新手练习

填写下面的三级简码汉字的五笔编码，然后启动写字板程序，使用五笔字型输入法练习输入。

例如：碧（GRD）

辣（ ）	杯（ ）	峡（ ）	脯（ ）	呸（ ）	坪（ ）
喇（ ）	胚（ ）	砰（ ）	恒（ ）	苹（ ）	征（ ）
症（ ）	歪（ ）	蚕（ ）	误（ ）	辐（ ）	病（ ）
策（ ）	富（ ）	秤（ ）	怔（ ）	炳（ ）	否（ ）

4.2 词组的输入

词组是由两个或两个以上的汉字组合而成的。使用词组输入汉字，会使输入速度更快，且按词组所含的字数不同，其编码规则也会有所区别，但无论是二字词组，还是三字词组、四字词组和多字词组，都只需取 4 码便可输入。下面将进行具体讲解。

4.2.1 二字词组的输入

微课：二字词组的输入

二字词组，顾名思义即词组中包含两个汉字。这类词组较多，如“科学”“态度”和“生活”等。二字词组的取码规则为：第一个字的一个字根 + 第一个字的第二个字根 + 第二个字的第一个字根 + 第二个字的第二个字根。

示例 1 **输入“颜色”词组**

二字词组“颜色”中，根据二字词组的取码规则，“颜”字的前两个字根为“立”和“丿”，注意不能将其拆分为“立”和“厂”，“色”字的前两个字根为“⺈⺈”和“巴”，依次输入这 4 个字根对应的编码，即可输入。

颜色 = 颜(U) + 颜(T) + 色(Q) + 色(C)

示例 2 **输入“大臣”词组**

词组“大臣”中的“大”字为键名字根汉字，根据键名字根的取码规则，其编码为“DDDD”，根据二字词组的取码规则，只需取其前两码“DD”，“臣”字的前两个字根为“匚”和“丨”，因此，“大臣”词组的五笔编码为“DDAH”。

大臣 = 大(D) + 大(D) + 臣(A) + 臣(H)

示例 3 **输入“工厂”词组**

词组“工厂”中的“工”字为键名字根汉字，根据键名字根的取码规则，其前两码为“AA”，“厂”字为【D】键上的成字字根汉字，根据其取码规则，其前两码应为“DG”，因此，“工厂”词组的五笔编码为“AADG”。

$$\text{工厂} = \overset{A}{\text{工}} + \overset{A}{\text{工}} + \overset{D}{\text{厂}} + \overset{G}{\text{厂}}$$

高手支招

五笔字型输入法的词库

不是所有的词组都能使用五笔字型输入法输入，如“抛锚”这个二字词组不能通过王码五笔字型输入法输入，因为该词组没有包含在王码五笔字型输入法的词库中。

新手练习

二字词组是打字时比较常见的，在练习打字时应尽量使用词组来输入，以提高打字速度。根据二字词组的取码规则，先填写下面的二字词组的五笔编码，然后启动写字板程序，使用五笔字型输入法练习输入。

例如：相信（SHWY）

电报（ ）	财富（ ）	读者（ ）	笑容（ ）	足球（ ）
经济（ ）	故事（ ）	姐姐（ ）	爆发（ ）	队伍（ ）
下班（ ）	笔记（ ）	背后（ ）	档案（ ）	冬天（ ）
机智（ ）	风暴（ ）	笑容（ ）	爷爷（ ）	帮助（ ）
悲哀（ ）	灿烂（ ）	快乐（ ）	灯光（ ）	血液（ ）
宾馆（ ）	表达（ ）	询问（ ）	部门（ ）	辞典（ ）
担保（ ）	都市（ ）	动脉（ ）	奥秘（ ）	硬件（ ）
阿姨（ ）	样式（ ）	勘查（ ）	表格（ ）	频繁（ ）
非常（ ）	宝贵（ ）	锻炼（ ）	悲壮（ ）	漂亮（ ）

4.2.2 三字词组的输入

微课：三字词组的输入

三字词组即有3个汉字的词组，其取码规则为：第一个字的第一个字根+第二个字的第一个字根+第三个字的第一个字根+第三个字的第二个字根。

示例1 **输入“电视机”词组**

三字词组“电视机”中第一个字“电”的第一个字根为“日”，第二个字“视”的第一个字根为“礻”，第三个字“机”的前两个字根为“木”和“几”，依次输入这4个字根对应的编码“JPSM”，即可输入。

$$\text{电视机} = \overset{J}{\text{电}} + \overset{P}{\text{视}} + \overset{S}{\text{机}} + \overset{M}{\text{机}}$$

示例 2 **输入“打印机”词组**

三字词组“打印机”中第一个字“打”的第一个字根为“扌”，第二个字“印”的第一个字根为“𠂎”，第三个字“机”的前两个字根为“木”和“几”，依次输入这 4 个字根对应的编码“RQSM”，即可输入。

打印机 = 打(R) + 印(Q) + 机(S) + 机(M)

示例 3 **输入“生命力”词组**

三字词组“生命力”中第一个字“生”的第一个字根为“丿”，第二个字“命”的第一个字根为“人”，第三个字“力”为成字字根汉字，故其前两个字根为“力”和“丿”，依次输入这 4 个字根对应的编码“TWLT”，即可输入。

生命力 = 生(T) + 命(W) + 力(L) + 力(T)

新手练习

结合上述介绍的三字词组的取码规则，填写下面的三字词组的五笔编码，然后启动写字板程序，使用五笔字型输入法练习输入。

例如：司法厅（NIDS）

葡萄酒（　　）	歌唱家（　　）	星期一（　　）	加工厂（　　）
多功能（　　）	日记本（　　）	主动脉（　　）	实习生（　　）
领导者（　　）	服务台（　　）	办公楼（　　）	自治区（　　）
闭幕式（　　）	形象化（　　）	招待所（　　）	自动化（　　）
圣诞节（　　）	奥运会（　　）	笔记本（　　）	编辑部（　　）
出版社（　　）	数学系（　　）	马铃薯（　　）	小分队（　　）
猪八戒（　　）	战斗机（　　）	发源地（　　）	清洁工（　　）
或者说（　　）	说不得（　　）	观察员（　　）	办公室（　　）

4.2.3 四字词组的输入

微课：四字词组的输入

四字词组在打字时较为常见，且大部分都为成语，如“怒发冲冠”“艰苦奋斗”“孜孜不倦”和“绞尽脑汁”等，四字词组的取码规则为：第一个字的第一个字根 + 第二个字的第一个字根 + 第三个字的第一个字根 + 第四个字的第一个字根。

示例 1 **输入“卧薪尝胆”词组**

四字词组“卧薪尝胆”中第一个字“卧”的第一个字根为“匚”，第二个字“薪”的第一个字根为“艹”，第三个字“尝”的第一个字根为“⺌”，第四个字“胆”的第一个字根为“月”，故依次输入这 4 个字根对应的编码“AAIE”，即可输入。

卧薪尝胆 = 卧(A) + 薪(A) + 尝(I) + 胆(E)

示例 2 **输入“挥金如土”词**

根据四字词组的取码规，分别取“挥金如土”词组中每一个字的第一个字根所在编码便可，这里需要注意到“金”和“土”字是键名字根，所以第一个字根便是键名字根所在的键位，故词组“挥金如土”的五笔编码为“RQVF”。

挥金如土 = 挥(R) + 金(Q) + 如(V) + 土(F)

新手练习

结合上述介绍的四字词组的取码规则，填写下面的四字词组的五笔编码，然后启动写字板程序，使用五笔字型输入法练习输入。

例如：爱莫能助（EACE）

相对而言（　　）	水落石出（　　）	不折不扣（　　）	怒发冲冠（　　）
挥金如土（　　）	如获至宝（　　）	言外之意（　　）	移花接木（　　）
欣欣向荣（　　）	如鱼得水（　　）	不屈不挠（　　）	宾至如归（　　）
一如既往（　　）	十全十美（　　）	日新月异（　　）	轻描淡写（　　）
生龙活虎（　　）	奋勇当先（　　）	炎黄子孙（　　）	飞黄腾达（　　）
通情达理（　　）	龙飞凤舞（　　）	企业管理（　　）	口若悬河（　　）
自食其果（　　）	容光焕发（　　）	形影不离（　　）	能工巧匠（　　）
急流勇退（　　）	光怪陆离（　　）	停滞不前（　　）	斩草除根（　　）

4.2.4 多字词组的输入

微课：多字词组的输入

多于 4 个汉字的词组都属于多字词组，如“疾风知劲草”“新闻发布会”和“日久见人心”等都为多字词组。这种词组的字数较多，但在输入时也只取 4 码。多字词组的取码规则为：第一个字的第一个字根 + 第二个字的第一个字根 + 第三个字的第一个字根 + 最后一个字的第一个字根。

示例 1 **输入“快刀斩乱麻”词组**

多字词组“快刀斩乱麻”中第一个字“快”的第一个字根为“忄”，第二个字“刀”为成字字根汉字，第一个字根为其所在键位，第三个字“斩”的第一个字根为“车”，最后一个字“麻”的第一个字根为“广”，故该词组的五笔编码为“NVLY”。

快刀斩乱麻 = 快(N) + 刀(V) + 斩(L) + 麻(Y)

示例 2 **输入“更上一层楼”词组**

多字词组“更上一层楼”中第一个字“更”的第一个字根为“一”，第二个字“上”为成字字根汉字，第一个字根为其所在键位，第三个字“一”也属于成字字根汉字，最后一个字“楼”的第一个字根为“木”，故该词组的五笔编码为“GHGS”。

更上一层楼 = 更(G) + 上(H) + 一(G) + 楼(S)

新手练习

结合上述介绍的多字词组的取码规则，填写下面的多字词组的五笔编码，然后启动写字板程序，使用五笔字型输入法练习输入。

例如：有志者事竟成（DFFD）

百闻不如一见（　　）　新华通讯社（　　）　喜马拉雅山（　　）

可望而不可及（　　）　风马牛不相及（　　）　消费者协会（　　）

中华人民共和国（　　）　搬起石头砸自己的脚（　　）

理论联系实际（　　）　当一天和尚撞一天钟（　　）

4.3 五笔打字的练习与测试

刚学会五笔打字，有时不能马上反应出某个字或词组的编码，所以打字速度也受到一定影响，只要坚持练习，便可逐渐提高打字速度。五笔打字的练习除了前面正文中给出的练习题外，读者也可借助专业的五笔打字练习软件来进行有针对性的练习。下面我们就将介绍金山打字通的使用与打字练习。

4.3.1 进行单字练习

微课：进行单字练习

在金山打字通的单字练习中，可以对一级简码、二级简码和常用汉字进行拆分练习，通过练习，读者可以快速掌握正确拆分与输入单个汉字的方法。下面将详细介绍练习输入单个汉字的操作，具体操作如下。

STEP 1 安装金山打字通 2016

打开金山打字通官方网站，单击“免费下载”按钮下载金山打字通 2016。下载完成后运行安装程序，进入安装向导，根据提示将金山打字通 2016 安装到计算机中。

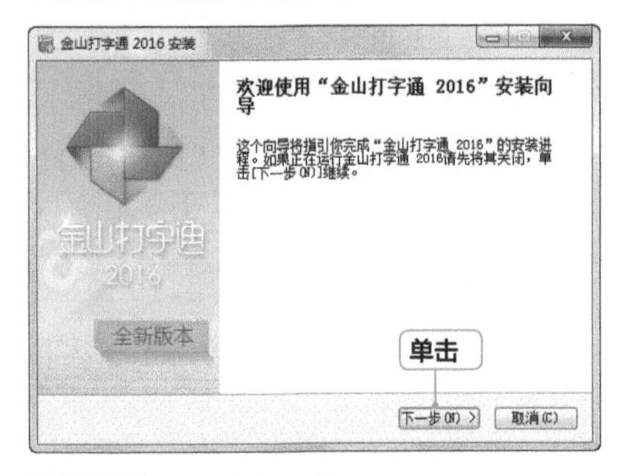

STEP 2 运行金山打字通

安装后在“开始”菜单下的“所有程序”列表中找到“金山打字通”文件夹，选择“金山打字通”选项，启动金山打字通 2016。首次启动时将打开“登录”对话框，用于设置打字昵称并绑定 QQ。

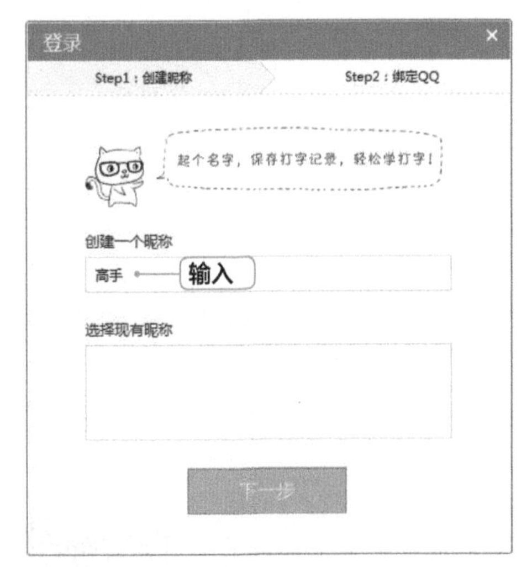

STEP 3 进入“单字练习”板块

在金山打字通 2016 的主界面中单击“五笔打字”按钮，然后在打开的“五笔打字”界面中单击“单字练习”按钮。

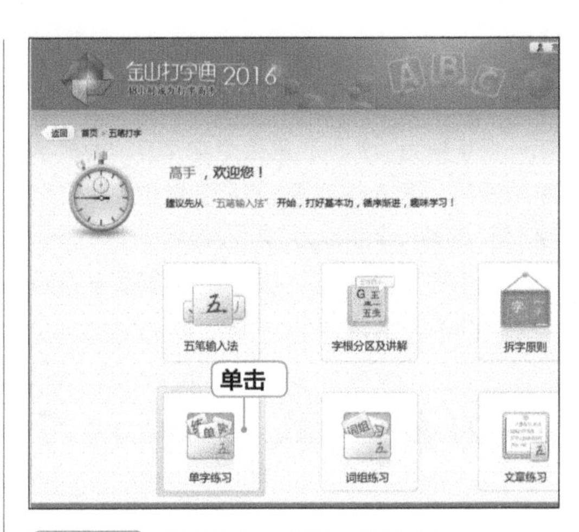

STEP 4 练习输入一区的一级简码

在“单字练习”模式下，默认是从一级简码一区开始练习，即练习输入第一区的一级简码。按【Ctrl+Shift】键切换到五笔字型输入法状态，然后输入界面上方显示的一级简码，当输完一行后，系统会自动翻页。同时，在界面底部显示相应的打字时间、速度、进度和正确率等。

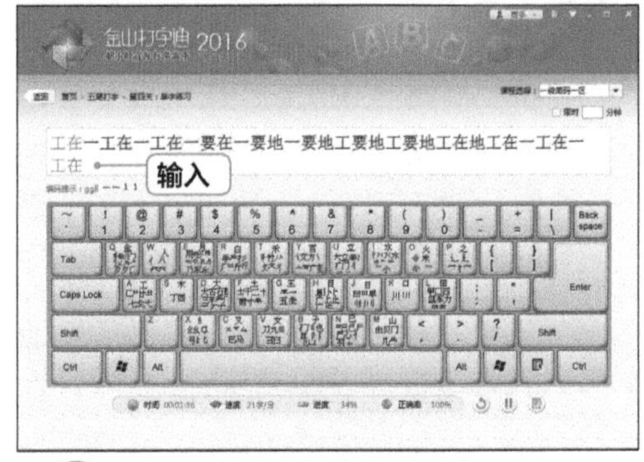

高手支招

练习时输入错误怎么办

如果输入错误，所输入的错字与上方的示例字将显示为红色，此时可以按退格键删除后重新输入。如果对字根分布及键位记不清楚，还可以查看下面的字根分布图。此外在输入框下方还显示该字的五笔全码，但对于简码字还是应养成优先使用简码的输入方式，这样才能提高五笔打字的速度。

STEP 5 选择练习"一级简码二区"

❶第一区的一级简码练习完成后将弹出一个提示框，显示当前的打字速度和正确率等，关闭提示框后，单击右上角"课程选择"的下拉按钮；❷在打开的下拉列表框中选择"一级简码二区"选项，切换到第二区的一级简码练习。完成后再分别进行其他区的一级简码练习及综合练习。

STEP 6 练习"二级简码"

一级简码练习完成后，在"课程选择"下拉列表框中分别选择"二级简码 1"至"二级简码 5"选项，根据二级简码的取码规则，分别取各字的前两个字根所在键位进行输入练习，练习时要注意键名字根及成字字根汉字的二级简码取码方法。

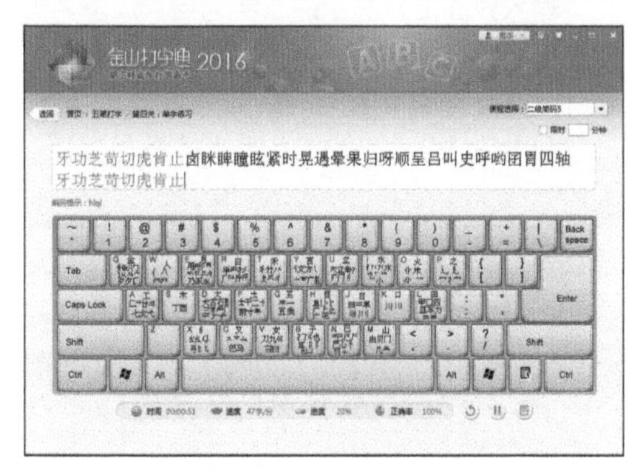

STEP 7 练习"常用字"

所有二级简码字练习完成后，在"课程选择"下拉列表中分别选择"常用字 1"至"常用字 4"选项，然后进行常用的单字的综合练习。练习时要注意尽量使用简码的取码方式，无法输入时再考虑使用全码进行输入，反复练习多次后，便能见到字就知道该取几码进行输入。

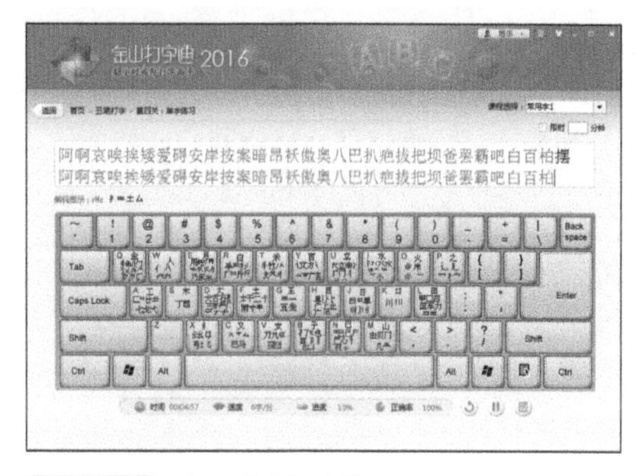

STEP 8 练习"难拆字"

金山打字通提供了难以拆分的汉字的输入练习。先在"课程选择"下拉列表框中分别选择"难拆字 1"至"难拆字 5"选项，然后结合字根的拆分原则进行输入练习。难拆字大多是一些字根不易区分的汉字，或是需要添加识别码才能进行输入的汉字。此外，还要注意个别汉字还存在重码的现象，需要从候选框中选择并输入对应的数字键才能输入。

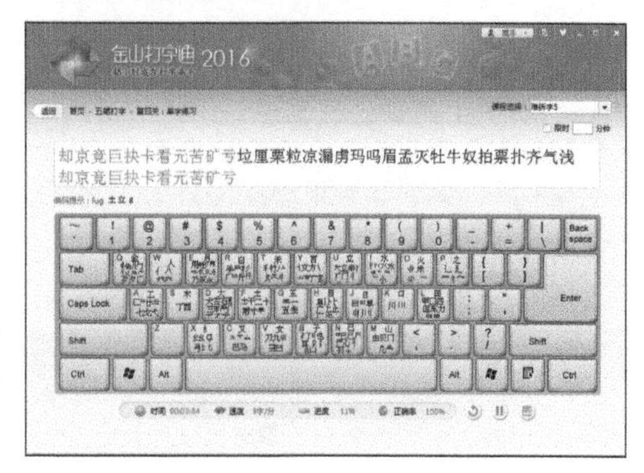

STEP 9 练习“易错字”

金山打字通还提供了易错字的输入练习。先在“课程选择”下拉列表框中分别选择“易错字 1”至“易错字 5”选项，然后结合字根的拆分原则和单字的取码规则进行输入练习。易错字输入中同样可采用简码规则进行输入。

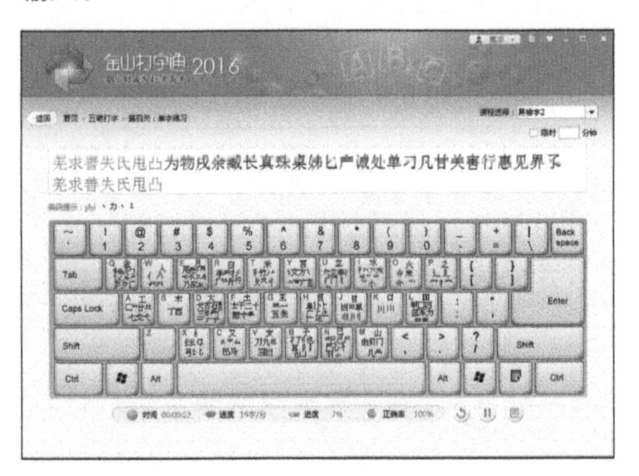

高手支招

练习时应循序渐进才有效果

练习单字时，建议按金山打字通提供的从一级简码到易错字的顺序来进行，且每组练习应坚持输入完成后再进入下一个环节的练习，这样才能做到循序渐进。刚开始练习时不宜过于追求过高的打字速度，尽量把每一个字都拆分正确。

高手支招

怎样取消编码提示

如果觉得输入框下方的五笔编码提示有碍于练习，可以将其取消显示。方法是单击界面最右下角的“设置”按钮，在打开的列表中撤销选中“五笔编码提示”复选框。

4.3.2 进行词组练习

在金山打字通中，读者除了可以进行单字练习外，还可以进行词组练习。通过练习读者可以快速掌握词组的输入方法，具体操作如下。

微课：进行词组练习

STEP 1 进入“词组练习”板块

在金山打字通 2016 的主界面中，单击“五笔打字”按钮，然后在打开的“五笔打字”界面中单击“词组练习”按钮。

STEP 2 练习输入二字词组

切换到五笔字型输入法，然后根据二字词组的取码规则，即取词组中各汉字的前两码作为编码，输入界面上方显示的二字词组。注意词组间有一个空格，输完一行后，系统会自动翻页，也可以通过“课程选择”功能选择二字词组课程。

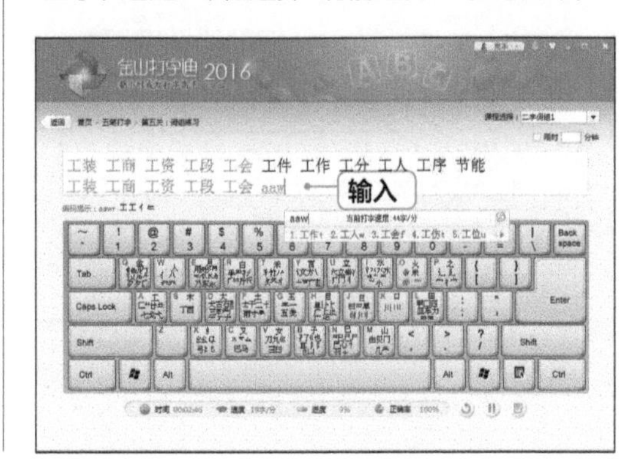

STEP 3 练习输入三字词组

二字词组练习完成后，在“课程选择”下拉列表框中分别选择“三字词组 1”至“三字词组 2”选项，根据三字词组的取码规则，取前两字的第一码及最后一个字的前两码，练习时要注意键名字根及成字字根汉字的取码方法。

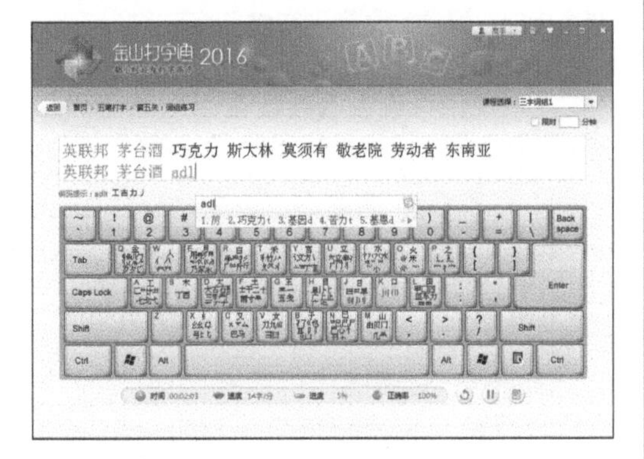

STEP 4 练习输入四字词组

在“课程选择”下拉列表框中分别选择“四字词组 1”至“四字词组 2”选项，根据四字词组的取码规则，分别取各字的第一码作为五笔编码，练习时要注意键名字根及成字字根汉字的取码方法。

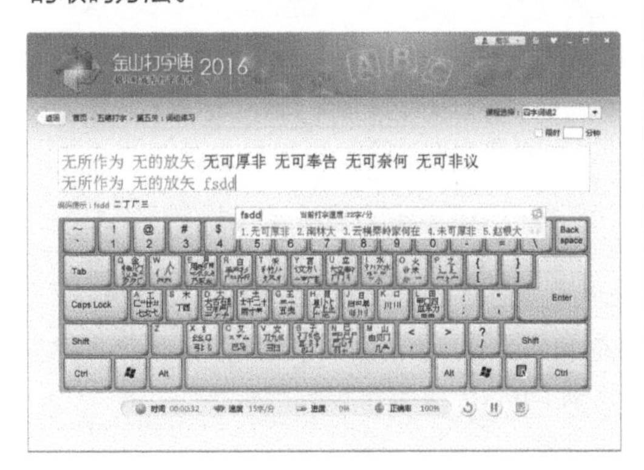

STEP 5 练习输入多字词组

在“课程选择”下拉列表框中分别选择“多字词组 1”至“多字词组 2”选项，根据多字词组的取码规则，分别取各字的第一码作为五笔编码，练习时要注意键名字根及成字字根汉字的取码方法。

高手支招

加强练习二字词组和四字词组

金山打字通中提供的词组量比较多，时间有限的读者着重练习二字词组和四字词组便可，因为三字词组和多字词组在打字时并不常用。

高手支招

用金山打字通练习键盘指法

如果键盘指法不熟练，可以启动金山打字通后单击“英文打字”按钮，分别对单词和英文文章输入进行练习，以巩固键盘上的指法。

4.3.3 进行文章练习

对单字和词组进行练习，并达到一定正确率和速度后，便可以在金山打字通中进行文章综合输入练习。在练习的过程中应注意善于应用简码和词组输入的方法，以提高汉字的输入速度，具体操作如下。

微课：进行文章练习

STEP 1 进入“文章练习”板块

在金山打字通 2016 的主界面中，单击“五笔打字”按钮，然后在打开的“五笔打字”界面中单击“文章练习”按钮。

STEP 2 练习文章输入

切换到五笔字型输入法，然后在空白行开始处单击定位插入点，再开始根据五笔打字的方法进行输入练习，一页练习完成后将自跳至文章的下一页练习。练习中要注意中文标点符号及数字的输入。此外，可以通过“课程选择”功能选择自己喜欢的文章内容进行练习。

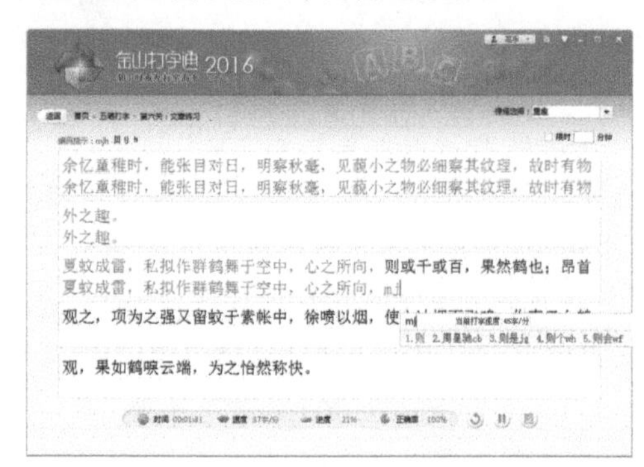

新手练习

利用金山打字通进行五笔打字练习，如果每天坚持练习 30 分钟至 1 个小时，练习一周就能比较熟练地进行打字了。此外，也可以找一些杂志上的文章或报纸资料，然后启动记事本程序，练习文稿的盲打输入。练习时一般将纸稿放在桌面左侧上方位置，要专注于纸稿上的打字内容，并注意核对计算机屏幕上的录入是否正确，以培养自己良好的打字习惯和快速的文稿录入速度。下面提供两篇文章，供读者练习（深色字为部分词组，浅色字为部分简码）。

良好的习惯

有这样一句话：今日的习惯，将是你明日的命运。

改变所有让你不快乐或不成功的习惯模式，你的命运也会随之发生改变。

成功有时候也并非想象中的那么困难，每天都养成一个良好的习惯，并坚持下去，也许成功就指日可待了。每天养成一个良好的习惯很容易，难就难在要一直坚持下去。这是信念和毅力的结合，所以成功的人很少，也就不足为奇了。

“一个人要有伟大的成就，必须天天有些小成就。”这里有个小故事：从前，有一个富人送给穷人一头牛，穷人满怀希望地开始奋斗。可牛要吃草，人要吃饭，生活一天比一天难过。于是，穷人决定把牛卖了，买了几只小羊回家。吃了一只，剩下来的用来生小羊。可小羊迟迟没有生出来，生活又艰难了。穷人把羊卖了，买成了鸡，想让鸡生蛋赚钱为生，但是，生活并没有发生改变，穷人仍然很穷，最后穷人把鸡也杀了，穷人的理想彻底崩溃了，这就是穷人的习惯。而富人呢，根据一个投资专家说，富人的成功秘诀就是：没钱时，不管多困难，也不会动用投资和储蓄，压力会迫使他们找到赚钱的新方法，这是个好习惯。性格决定了习惯，习惯造就了成功。

有人说，上帝对人类最公平的两件事之一，就是每个人每天都只有24小时。记得，小时候经常念道“一寸光阴一寸金，寸金难买寸光阴”的话，虽然，我们并不知道所谓的“一寸光阴”究竟有多长，但既然将光阴与黄金相比，那么其价值昂贵也就可想而知了。那么，如何利用好每天这24个小时，合理地分配自己的时间，以求取得最大的效用，这无论是对个体或集体而言，都是十分必要的。

富兰克林时间规划公司的创办人海蓝密斯在其著作《打开成功的心门》一书中提出十大自然法则：

1.掌握生活大小事——通过掌握时间而掌握生活。

2.确立核心价值——核心价值是自我实现和个人成就的基础。

3.排定优先顺序——当日常生活反映了你的核心价值，你就能体验发自内心的平静。

4.设定明确可行的目标——为达成重要目标，必须远离安逸区。

5.规划每日工作——每日规划做得好，时间宽裕效率高。

6.检视行为与信仰一致——行为是真实信念的反射。

7.改变行为以符合要求——当信念与事实相符时，需求就自然得到满足。

8.重新开信仰之窗——改变错误想法，克服负面行为。

9.以个人价值为依据——自尊必须发自内心。

10.在奉献中成就自我——付出愈多，收获愈大。

大学生

大学生是在为数众多的中学生中选拔出来的佼佼者，在心理上有很强的优越感和自豪感。但由于自视甚高，很容易受挫折，并会随之发生一系列心理问题。要想快速适应紧张的社会生活节奏，面对激烈的就业竞争，就应该培养良好的人格品质。

良好的人格品质首先应该正确认识自我，提高对挫折的承受能力，面对挫折应采取理智的应付方法，树立科学的人生观，积极参加各类实践活动，丰富人生经验。另外还应该养成健康的生活方式，使生活有规律、劳逸结合、坚持体育锻炼等。为了长期保持学习的效率，应该合理安排好每天的学习、锻炼、休息时间，科学用脑，避免用脑过度引起神经衰弱，使思维、记忆能力减退。

最后还应该加强自我心理调节能力，大学生处于青年期阶段，经验的缺乏和知识的幼稚决定了这个时期人的心理发展的某些方面落后于生理机能的成长速度。这样就难免会发生许多尴尬、困惑、烦恼和苦闷。每个大学生都有可能面对各种不利的环境，如家庭生活发生变故、学习成绩不佳等，这些心理问题如果总是挥之不去，日积月累，就有可能成为心理障碍而影响学习和生活。正视现实，学会自我调节，充分发挥主观能动性去改造环境，才能实现自己的理想目标。

新手加油站

1. 还有其他打字练习软件吗?

除了金山打字通以外，其他五笔打字练习软件主要有五笔打字员软件和五笔打字通等，读者可通过网上搜索进行免费下载使用，其练习方法也比较简单，可以参照本书介绍的金山打字通的练习方法来使用。

2. 怎样才能提高五笔打字的速度

不断实现自我突破，提高打字速度是每一位学习五笔打字人员的最终目标。下面总结了4点提高打字速度的方法跟大家一起分享。

- **提高击键准确率：**对大多数人来说，达到每分钟 200 次的击键速度不是高不可攀，但要将差错率控制在 3‰就会淘汰很多人，所以提高速度应建立在准确的击键基础上。
- **对常用字进行反复练习：**在学习和娱乐过程中加强打字练习，只有多练习才能熟能生巧。
- **多打词组：**在打字过程中最好最快的方法是进行词组输入，这样不仅减少了击键次数，而且还能保证正确率。
- **使用专业打字软件：**打字软件可以进行科学、系统地跟踪训练，并自动检查错误的输入信息。进行打字练习时必须集中精力，充分做到手、脑、眼协调一致，其训练要领为：正确指法、全神贯注、刻苦训练。初级阶段的练习即使速度很慢，也一定要保证输入的正确率，最终一定要保证达到即见即打的水平。此外，用户还可以专门针对错字进行练习，以达到巩固记忆的目的。

3. 练习输入文章时怎样输入破折号等特殊中文标点符号

在五笔字型输入法状态下，按键盘上的符号键便可以输入相应的中文标点符号，如逗号、顿号和句号等。破折号的输入法方法是：先按住【Shift】键不放，再按右上角的【-】键进行输入，类似的输入方法还包括按住【Shift】键不放，再按【<】键可以输入左书名号，按【>】键可以输入右书名号；按住【Shift】键不放，再按【"】键可以输入左双引号，再按一次【"】键可以输入右双引号。此外，对于一些特殊标点符号，可以用鼠标右键单击五笔字型输入法状态条上的软键盘图标，在打开的下拉列表中选择“标点符号”选项，再在打开的软键盘中单击输入所需的中文标点符号，最后再次单击软键盘图标，关闭软键盘即可。注意输入符号后若不关闭软键盘，此时按键位所输入的仍为符号，而不是五笔的编码。

第 5 章

搜狗五笔输入法使用技巧

本章导读

很多用户在使用搜狗五笔输入法时觉得不符合自己的习惯，那么搜狗五笔输入法该怎么设置才能更加符合自己的输入习惯呢？本章将讲解搜狗五笔输入法的设置，以及怎样输入繁体字、怎样在中文输入状态下临时切换至英文输入状态等输入小技巧，从而使五笔打字变得更加灵活，也能够在一定程度上提高打字效率。

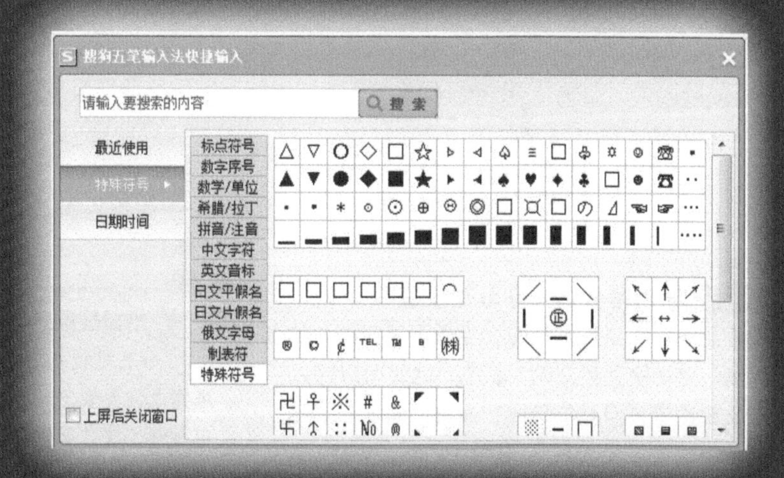

5.1 搜狗五笔输入法设置

单击搜狗五笔输入法状态条上的“菜单”图标或在输入法状态条上单击鼠标右键，在弹出的快捷菜单中选择“设置属性”命令，将打开“搜狗五笔输入法设置”对话框，在其中可以进行各种功能设置。下面将介绍其中各选项卡中较为常用的设置功能。

5.1.1 常规设置

微课：常规设置

在“常规”选项卡中可以设置输入模式以及是否启用光标跟随等，1.2.4 小节中介绍了 3 种搜狗五笔输入模式的作用与参数设置，这里不再赘述。下面介绍如何启用光标跟随和取消“Shift+ 字母键”时首字母大写的功能，具体操作如下。

STEP1 启用光标跟随功能

❶打开“搜狗五笔输入法设置”对话框，单击“常规”选项卡；❷在“其他”栏中单击选中“光标跟随”复选框，这样打字时输入法的候选窗口跟随插入光标的位置移动，以便于查看编码提示和选字。反之，若不需要随插入光标移动，则可撤销选中“光标跟随”复选框。

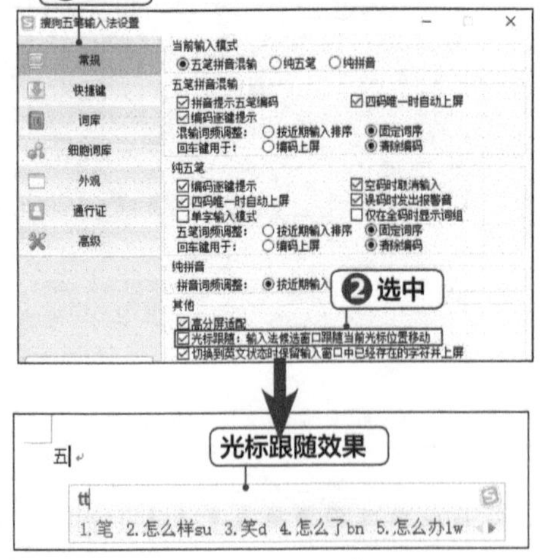

STEP2 设置 Shift+ 字母键的功能

搜狗五笔输入法在默认时，当按下“Shift+ 字母键”就切换到英文输入状态，此时可以输入英文单词等，但对于习惯了通过“Shift+ 字母键”来输入单个大写字母的中文用户来说，该功能并不实用，而且不方便输入大写字母，故可以取消。方法是在“常规”选项卡的“其他”栏中撤销选中“Shift+ 字母输入英文时首字母大写”复选框，并单击选中“字母直接上屏”单选项，完成设置后单击“确定”按钮。

开启 Shift+ 字母键时首字母大写且具有英文提示的效果

方案

A 临时英文

1.And 2.Are 3.As 4.allyes.com 5.alibaba.com

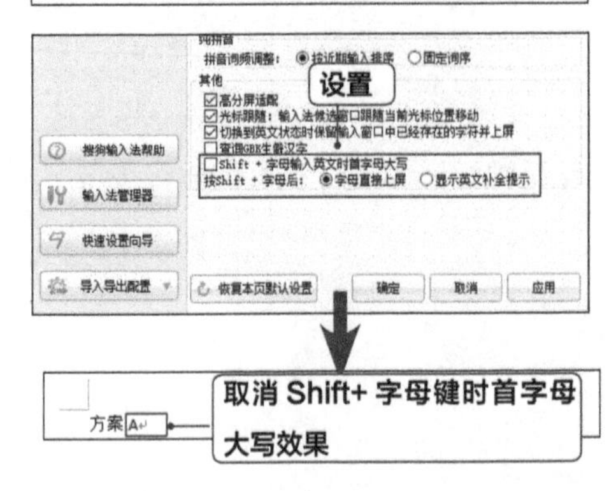

高手支招

恢复搜狗五笔输入法默认设置

如果对搜狗五笔输入法进行的设置不满意或需要恢复到原来的默认参数设置，可以打开“搜狗五笔输入法设置”对话框，然后单击“恢复本页默认设置”按钮。

5.1.2 快捷键设置

微课：快捷键设置

搜狗五笔输入法提供了大量的快捷键，如打字时按【-】键向上翻页，按【=】键向下翻页，按【Ctrl+Shift+M】键打开系统设置菜单等。下面介绍查看和设置快捷键的方法，具体操作如下。

STEP1 查看搜狗五笔输入法的快捷键

打开“搜狗五笔输入法设置”对话框，单击“快捷键”选项卡，其中左侧显示了相应的功能项，右侧则为其对应的快捷键。

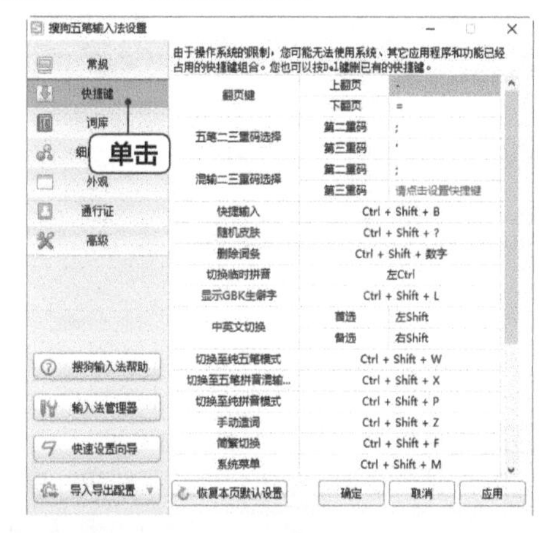

STEP2 修改翻页快捷键

❶在“上翻页”右侧的快捷键框中单击，然后按【Delete】键删除原来的快捷键，根据提示按下新的快捷键，如这里按【[】键；❷在“下翻页”右侧的快捷键框中单击后按【Delete】键删除原来的快捷键，按下新的快捷键【]】键；❸使用相同的方法修改其他快捷键，完成设置后单击“确定”按钮。

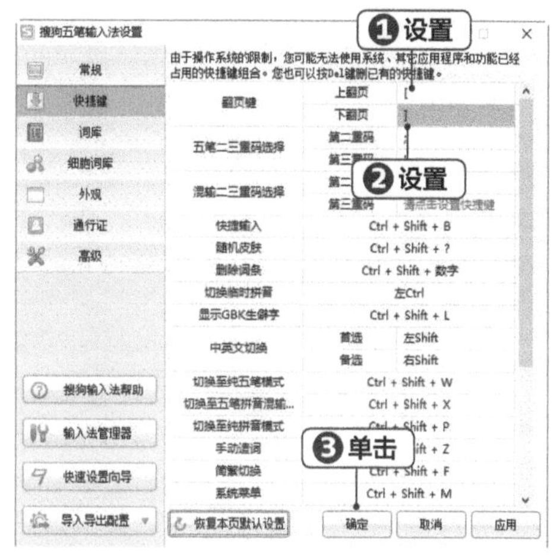

高手支招

不能设置快捷键的原因

部分功能要求设置组合快捷键，如会提示“请按 Ctrl 起始的快捷键组合”等，此时就要按规定设置。此外，如果所设置的快捷键被其他程序占用将无法设置，须更换才行。

5.1.3 词库设置

微课：词库设置

虽然使用五笔字型输入法的词组输入功能，可以大大提高打字速度，但五笔字型输入法词库中所包含的词语毕竟有限，有时输入某个常用词语的编码后，会出现不能输出所需的词组或根本无词组输出的情况，此时，就可以使用搜狗五笔输入法提供的词库功能来自定义词条，具体操作如下。

STEP1 查看搜狗五笔输入法的词库

❶打开“搜狗五笔输入法设置”对话框，单击“词库”选项卡；❷单击选中上方的“五笔词库”单选项，下方将显示搜狗五笔已定义好的词条及五笔编码，通过其编码不难看出，这些词条的编码规则与前面介绍的词组的取码是一致的，这样也便于使用，不需要记编码，只需按词组进行取码便可输入。

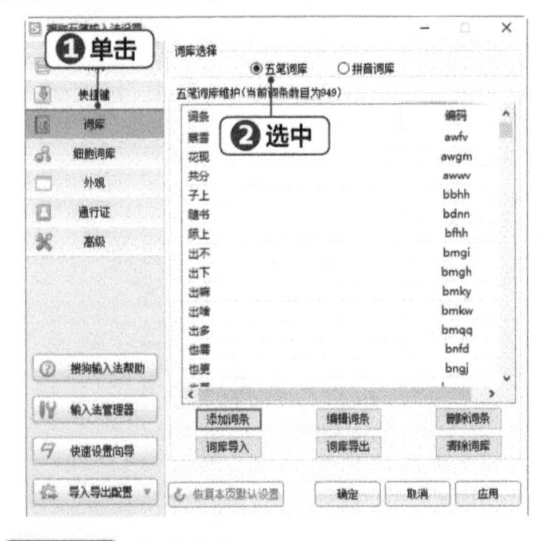

STEP2 新建词条

❶单击“添加词条”按钮，打开“造新词”对话框；❷在“新词”文本框中输入要造成的词组，如这里输入“互联网＋教育”，此时在下方的“新词编码”列表框中将自动显示对应的五笔编码，若有重码会在“已有重码”列表框中进行显示；❸完成设置后单击“确定”按钮。

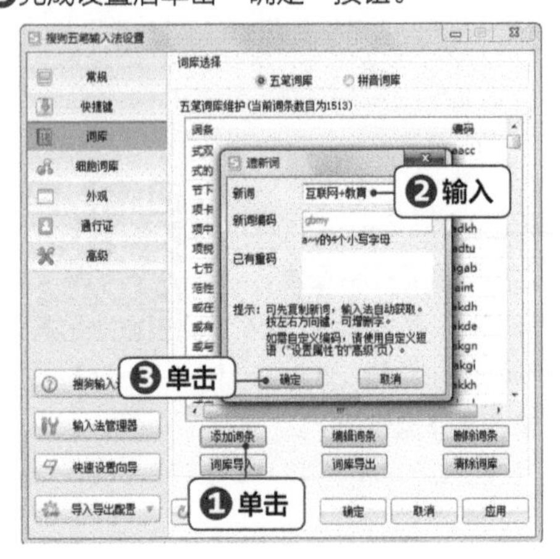

STEP3 查看和管理添加的词条

此时在词库的列表框底部将显示刚添加的“互联网＋教育”词条。使用相同的方法再添加其他所需的词条，添加后可在该列表框中选中各个词条，然后单击下方的“编辑词条”按钮修改词条，或单击“删除词条”按钮删除词条。

STEP4 应用设置并验证词条

完成所有词条设置后单击“确定”按钮，在使用搜狗五笔输入法过程中输入对应的编码，便可自动输入相应的词条。如输入“gbmy”，便可输入“互联网＋教育”。

高手支招

导出与导入词库

自定义好词条后，如果要重装系统或更换计算机等，为了便于以后再次使用定义好的词库，可以单击“词库导出”按钮，将词库以文件的形式导出到计算机磁盘中保存，下次使用时再单击“词库导入”按钮，选择并导入词库文件便可，从而避免丢失词条或再次自定义词条带来的麻烦。

高手支招

使用搜狗细胞词库

细胞词库是搜狗首创、开放共享、可在线升级的细分化词库的功能名称。搜狗细胞词库是由广大网友编辑上传共享，每个细胞词库是一个细分类别词汇的集合。在“搜狗五笔输入法设置”对话框中单击“细胞词库”选项卡，便可以结合需要启用或取消细胞词库。

5.1.4 外观设置

微课：外观设置

搜狗输入法的输入窗口比较简洁，候选框最上方的一排是所输入的五笔编码，下一排就是候选字。此外，搜狗五笔输入法支持可充分自定义的、不规则形状的皮肤。下面将具体介绍搜狗输入法外观样式的设置方法，具体操作如下。

STEP1 设置输入框横排或竖排显示

❶打开“搜狗五笔输入法设置”对话框，单击“外观”选项卡；❷搜狗五笔输入法的输入框默认为横排显示，在“输入框样式”栏中单击选中“竖排显示”单选项，此时在对话框下方可以预览竖排显示的效果。

STEP2 设置候选项数量

❶搜狗五笔输入法默认为 5 个候选项，根据需要可以修改候选项数量，但要注意若候选词太多会造成查找的困难，导致输入效率下降。方法是单击“外观”选项卡，在“输入框样式”栏中单击“候选项数”右侧的下拉按钮；❷在打开的下拉列表中选择一个数字，如“6”，此时在下方可以预览设置后的效果。

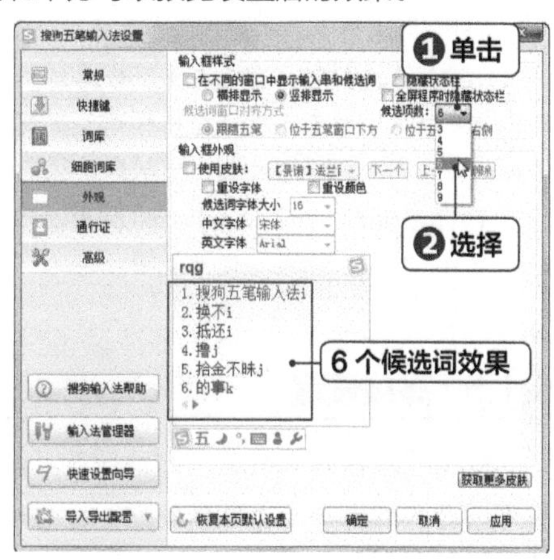

STEP3 更换皮肤

皮肤即输入框的外观样式，搜狗五笔输入法提供了多种皮肤，而且全兼容搜狗拼音输入法的皮肤，设置方法是：❶单击“外观”选项卡，在“输入框外观”栏中单击选中“使用皮肤”复选框；❷单击右侧的下拉按钮，选择一种皮肤样式，或直接单击“下一个”按钮，选择自己喜欢的皮肤样式，在对话框下方可以预览其效果。

STEP4 设置候选框字体及大小

❶选择皮肤后，单击选中下方的“重设字体”复选框；❷在“候选词字体大小”下拉列表中选择一种字号大小，如选择“20”号字；❸在“中文字体”下拉列表中选择一种中文字体，如“隶书”，在“英文字体”下拉列表中选择英文字体，这里保持不变，在下方可预览设置字号大小及字体后的输入框效果；❹确认效果无误后，单击“确定”按钮应用设置。

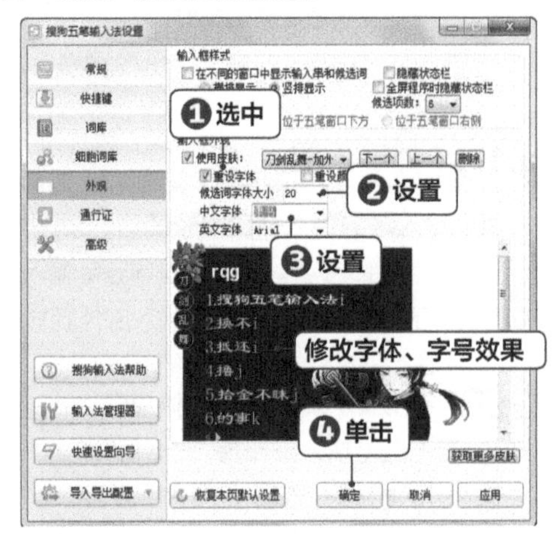

高手支招

下载更多皮肤

打开“搜狗五笔输入法设置”对话框，单击“外观”选项卡，单击“获取更多皮肤”按钮，将打开搜狗输入法的皮肤下载网站，在其中可以下载自己喜欢的皮肤样式。下载保存到计算机中后将皮肤文件复制到系统盘的“\Users\Administrator\AppData\LocalLow\SogouWB\AllSkin”路径下便可使用。

高手支招

使用通行证

通行证是搜狗输入法提供的一个特色功能。通过通行证，可以将用户的个性化设置及词库上传到服务器，以便于在其他计算机上使用搜狗五笔输入法，因为只要登录通行证，就能同步用户的设置和词库。在“搜狗五笔输入法设置”对话框中单击“通行证”选项卡，便可登录和设置通行证功能。

5.1.5 高级设置

“搜狗五笔输入法设置”对话框的“高级”选项卡还提供了关于启动选项和辅助选项的设置。下面将介绍一些常用的设置选项的作用及设置方法，具体操作如下。

微课：高级设置

STEP1 设置启动选项

在“搜狗五笔输入法设置”对话框中单击“高级”选项卡，在“启动选项”栏下可以设置重新打开输入法时输入法的状态，默认为中文、半角、中文标点，可以结合需要进行修改或保持默认设置。若单击选中“中文状态下使用英文标点”复选框，则表示打开输入法时中文状态下默认的标点为英文标点。

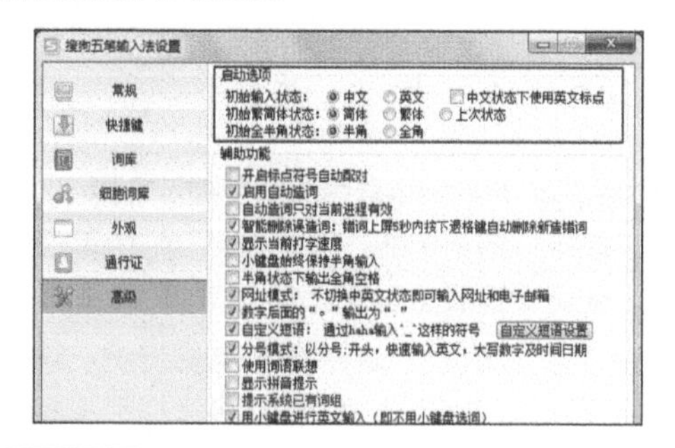

STEP2 启用“网址模式”功能

在“高级”选项卡的“辅助功能”栏中单击选中“网址模式：不切换中英文状态即可输入网址和电子邮箱”复选框，便能够在中文输入状态下输入几乎所有的网址，即当输入“www.”“http:”“ftp:”“telnet:”“mailto:”等时，输入法自动识别进入到英文输入状态，这样就可以输入网址或邮箱地址等，输入后将自动返回中文输入状态。如果不开启该功能，则会输入相应编码的中文汉字，而不能快速输入网址文本。

STEP3 启用“数字后的‘。’输出为‘.’”功能

在中文输入状态下按【.】键将输入中文标点符号句号，这对于在中文中要输入带小数的文本时很不方便，故搜狗五笔输入法提供了“数字后面的‘。’输出为‘.’”的功能。开启方法是在“高级”选项卡的“辅助功能”栏中单击选中“数字后的‘。’输出为‘.’”复选框。

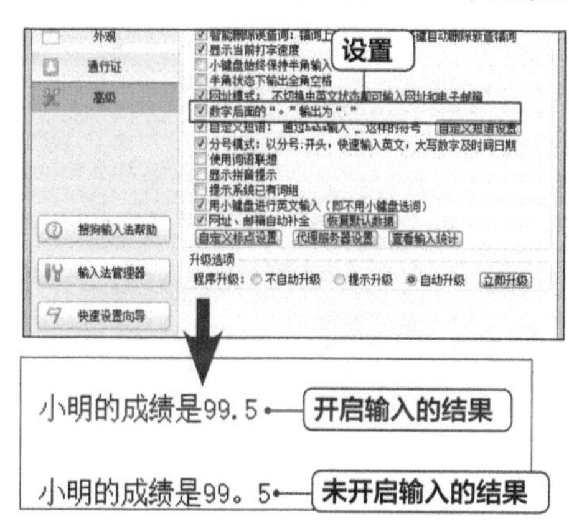

STEP4 启用“自定义短语”功能

自定义短语是指通过特定字符串来输入自定义好的文本，从而提高输入效率。自定义前应先启用该功能，方法是：❶在“高级”选项卡的“辅助功能”栏中单击选中“自定义短语”复选框；❷单击右侧的“自定短语设置”按钮。

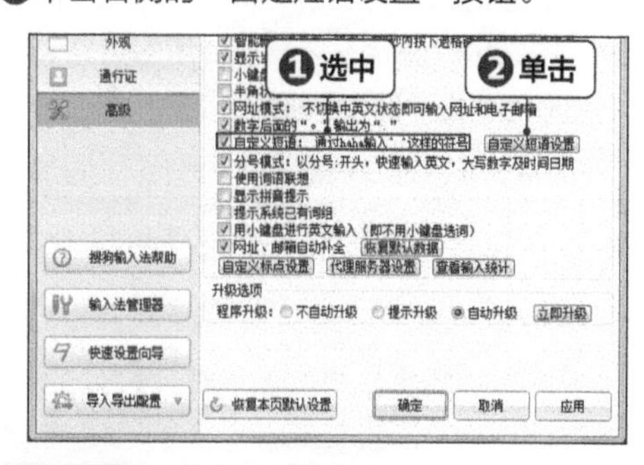

STEP5 添加自定义短语

❶在打开的“自定义短语设置”对话框中单击“添加新定义”按钮，打开“添加自定义短语”对话框；❷在“缩写”文本框中输入自定义短语的编码字符，这里输入“lygs”；❸在“该条短语在候

选项中的位置”下拉列表中选择一个数字，如选择“2”，表示输入编码后位于选字框中的第2项；❹在下方的文本框中输入短语的具体内容，自定义短语支持多行、空格等，这里输入“成都蓝宇文化传播有限公司”；❺完成设置后单击“确定添加”按钮，或单击“确认并添加下一个”按钮，继续添加其他自定义短语。

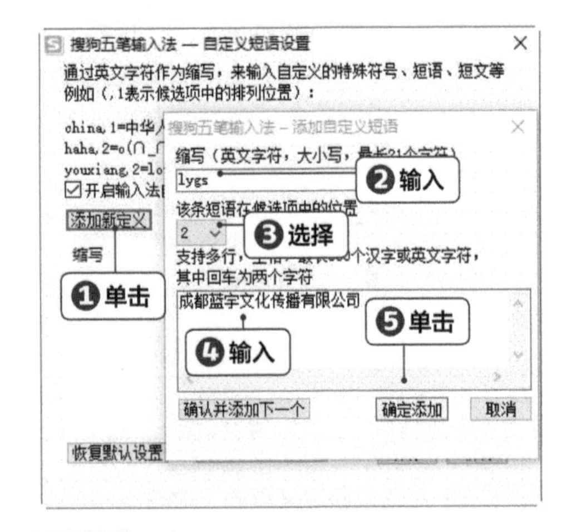

STEP6 查看和管理自定义短语

返回“自定义短语设置”对话框，其列表框中将显示所有添加好的自定义短语，单击选中其前面对应的复选框，单击“编辑已有项”按钮可以修改短语的内容及缩写编码，单击“删除高亮”按钮可以删除不需要再使用的自定义短语。完成后单击“保存”按钮，应用设置。

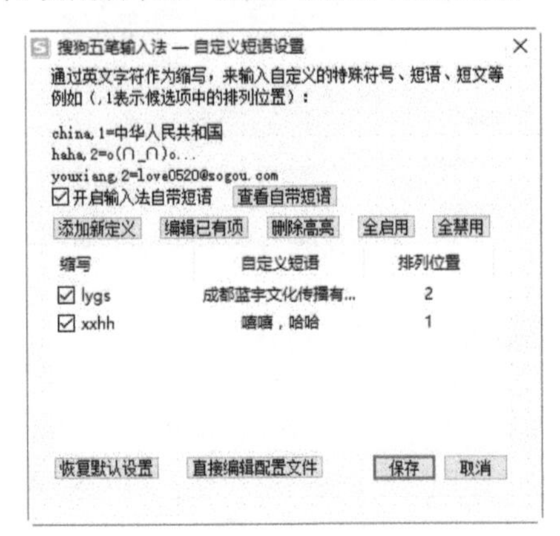

STEP7 使用自定义短语

添加自定义短语后，打字时只需输入相应的缩写编码，便可直接输入（位置为1时）或在选字框中选择输入短语，从而提高打字速度。

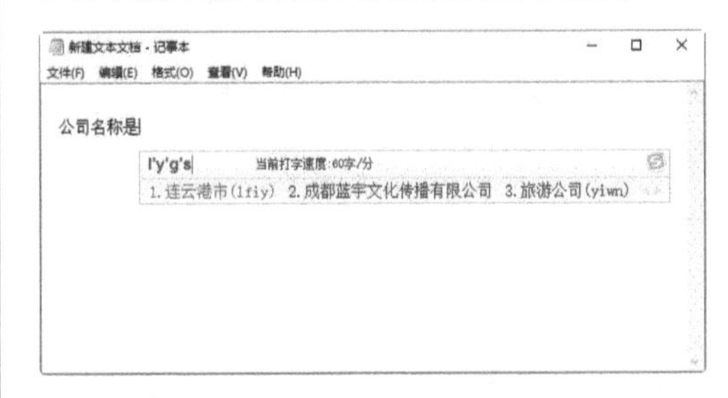

STEP8 开启词语联想和拼音提示功能

在“高级”选项卡的“辅助功能”栏中单击选中“使用词语联想”复选框，打字时输入某个单字或词组后将给出其相关的词组提示，供用户选择输入；单击选中“显示拼音提示”复选框，打字时输入某个单字或词组后将在输入框给出该字或词组的拼音，这对于经常输入生僻字或需要学习汉字读音的用户来说比较有帮助。

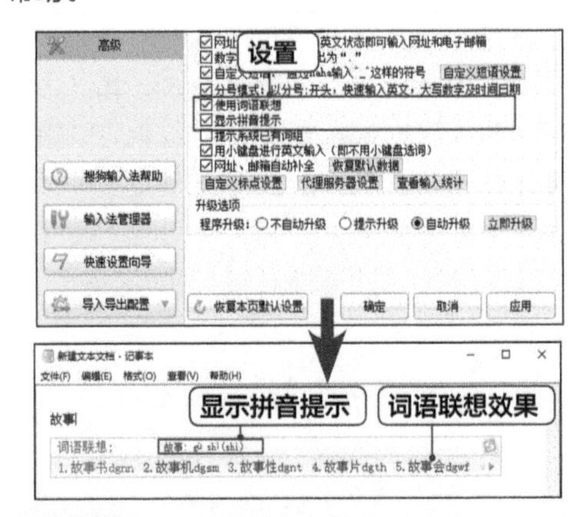

STEP9 开启小键盘输入英文功能

在用五笔字型输入中文时有时会遇到需要输入“hao123”这类既有字母也有数字的字符，此时如果直接按主键区的字母键和数字键后并不能正确输入，因为在中文输入状态下这些数字键充当了选字功能，而开启小键盘输入英文功能后，便可以输入“hao”后按小键盘上的数字键来解决这个输入问题。方法是在“高级”选项卡的“辅助功能”栏中单击选中“用小键盘进行英文输入”复选框。

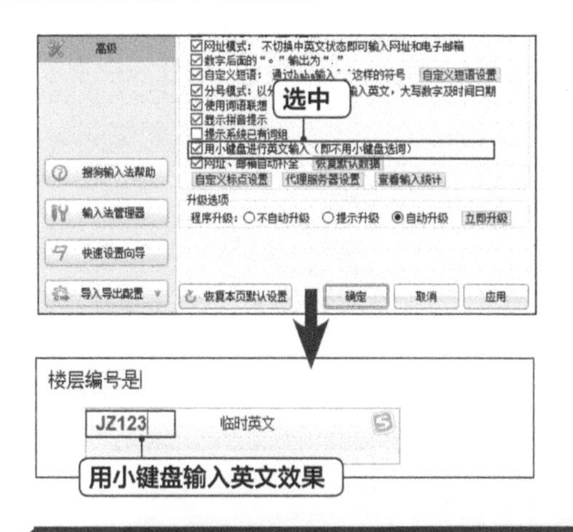

STEP10 开启网址、邮箱自动补全功能

在“高级”选项卡的“辅助功能”栏中单击选中“网址、邮箱自动补全”复选框，打字时输入法将根据用户的输入对网址和邮箱进行补全提示，以提高输入效率。单击“确定”按钮应用设置。

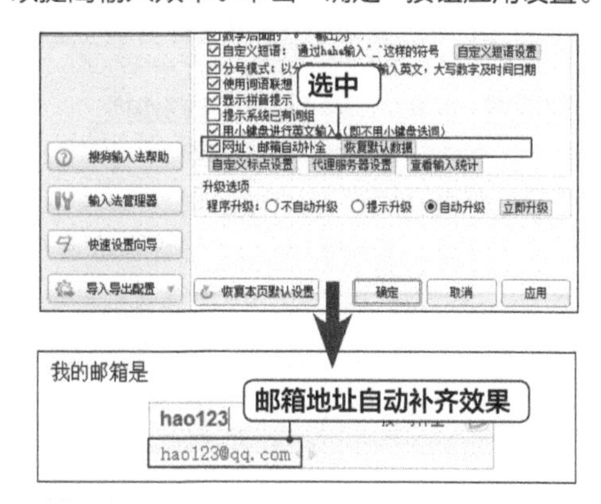

5.2 搜狗五笔输入法输入技巧

除了前面介绍的搜狗五笔输入法的相关设置外，在实际输入过程中还可能会遇到输入繁体字、输入中文时输入英文和输入特殊符号等问题，下面将具体介绍这些输入技巧的应用方法。

5.2.1 输入繁体字

微课：输入繁体字

在使用搜狗五笔输入法输入汉字的过程中，有时会遇到需要输入繁体字的情况。由于繁体字的笔画较多且拆分比较困难，所以，下面介绍另一种输入繁体字的简便方法，具体操作如下。

STEP1 切换至繁体输入状态

❶在搜狗五笔输入法状态条上单击鼠标右键，在弹出的快捷菜单中选择“快速切换”命令；❷在弹出的子菜单中选择“繁体”命令。

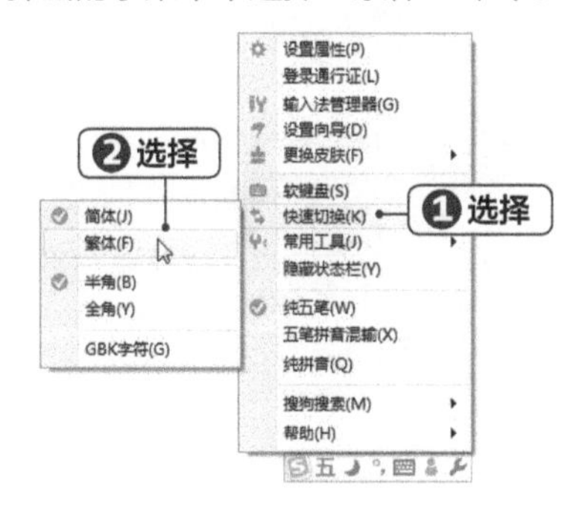

STEP2 输入繁体字

将输入状态切换至繁体输入后，可以按输入简体字的方法直接输入，输入的汉字将自动转换为繁体字。如果要恢复到简体输入状态，可以在“快速切换”子菜单中选择“简体”命令。此外，也可直接按【Ctrl+Shift+F】键在简繁输入间切换。

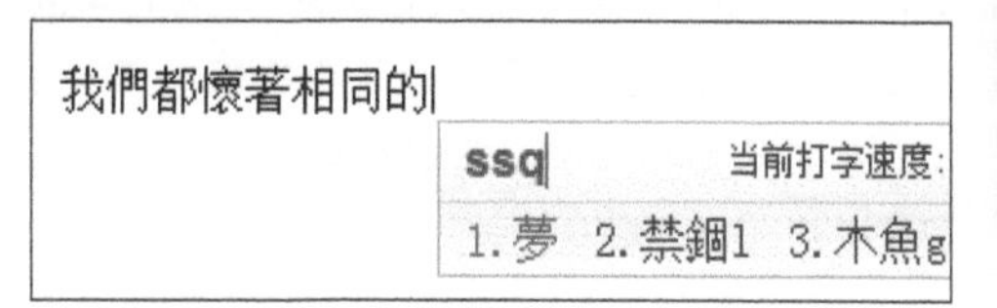

5.2.2 输入中文时输入英文

使用搜狗五笔输入法输入中文时，如果其中还有大量的英文单词或字句，就需要频繁地在中英文输入间进行切换，大部分用户只知道单击输入法状态条上的切换图标或按【Ctrl+空格】键来切换，但这种切换方式需要使用鼠标或要按组合快捷键来回切换，会影响打字速度。而搜狗五笔输入法提供了3种切换中英文输入的快捷方法，具体如下。

方法1 使用左、右【Shift】键切换

打开“搜狗五笔输入法设置”对话框，在“常规”选项卡的“其他”栏中单击选中“Shift+字母输入英文时首字母大写”复选框，并单击选中“显示英文补全提示”单选项，保存设置后在输入中文时按下【Shift】键就可以切换到英文输入状态，若再次按一下【Shift】键就会返回中文状态。

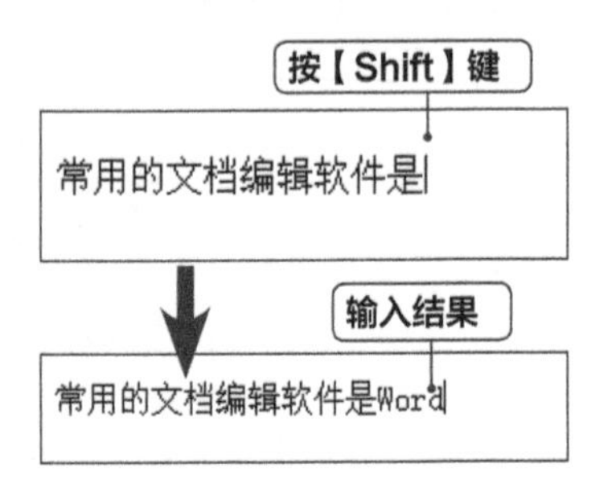

方法2 用回车输入英文

搜狗输入法支持回车输入英文，在输入较短的英文时可省去切换到英文状态下的麻烦。使用方法是：打开“搜狗五笔输入法设置”对话框，在“常规”选项卡的“五笔拼音混输”或“纯五笔”栏中单击选中“编码上屏”单选项，保存设置后在输入中文过程中可直接输入英文单词，然后按回车键便可自动转换为中文，且不会影响后续中文输入或换行操作。同样，要取消这种输入功能时，只需撤销选中“编码上屏”单选项即可。

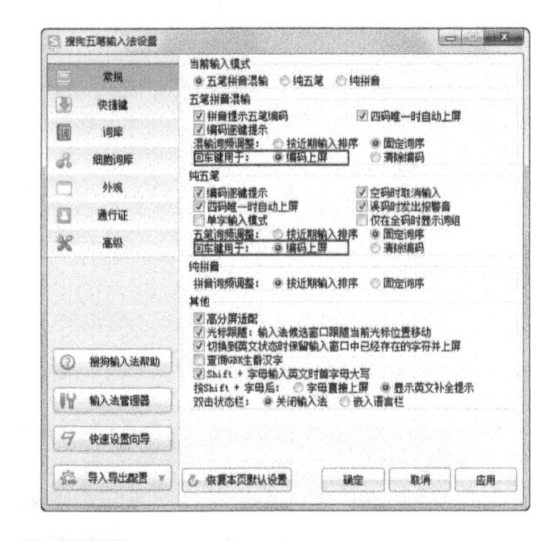

方法3 用分号输入英文

打开“搜狗五笔输入法设置”对话框，在“高级”选项卡的“辅助功能”栏中单击选中“分号模式：以分号；开头，快速输入英文、大写数字及时间日期”复选框，保存设置后在输入中文时按下【；】键，就可以输入英文或日期和时间数字，在候选框中还将出现相应的大写文字，供用户快速输入。

5.2.3 快速输入特殊符号

微课：快速输入特殊符号

前面介绍了使用软键盘图标可以输入各种特殊符号等，但软键盘的使用不太方便，每次使用完成后还需要再次关闭退出才能正常打字。而利用搜狗五笔输入法的"快捷输入"工具，可以随心所欲地输入各种特殊符号，具体操作如下。

STEP1 启用快捷输入工具

❶在搜狗五笔输入法状态条上单击鼠标右键，在弹出的快捷菜单中选择"常用工具"命令；❷在弹出的子菜单中选择"快捷输入"命令。

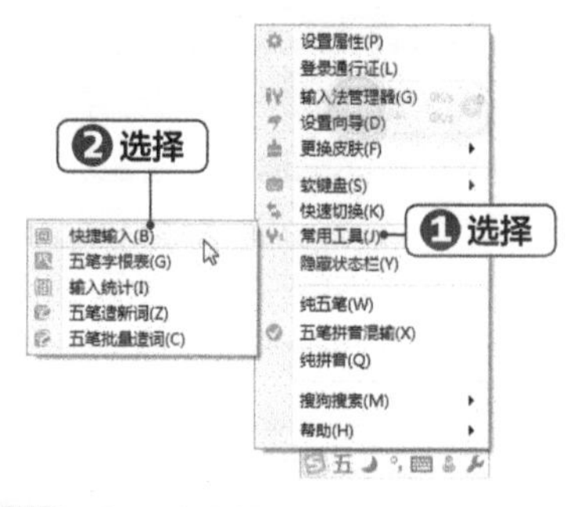

STEP2 输入特殊符号

❶在打开的"搜狗五笔输入法快捷输入"对话框中单击左侧的"特殊符号"选项卡；❷选择"特殊符号"选项；❸单击要输入的特殊符号，即可将其输入至插入光标处。

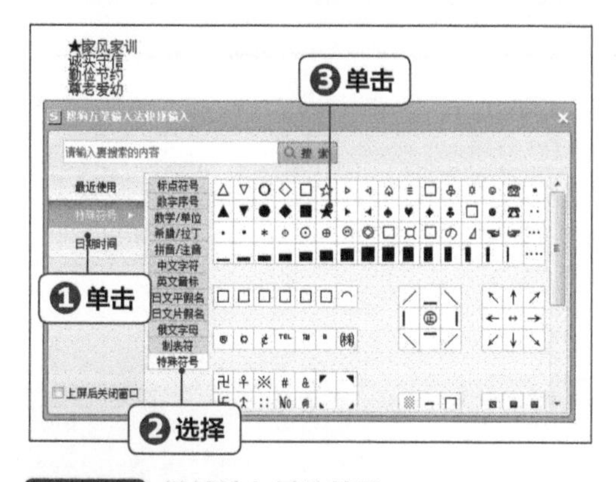

STEP3 继续输入其他符号

❶在文档编辑区中单击定位插入点后，在"搜狗五笔输入法快捷输入"对话框中还可选择其他类型的符号，如这里选择"数字序号"；❷单击相应的序号符号，便可将其输入文档中，使用相同的方法还可继续输入符号；❸符号输入结束后单击右上角的"关闭"按钮，退出快捷输入状态。

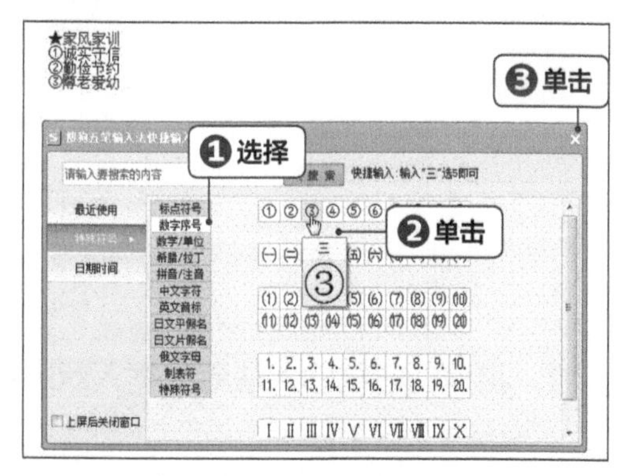

高手支招

查看输入统计信息

在搜狗五笔输入法状态条上单击鼠标右键，在弹出的快捷菜单中选择"常用工具"子菜单中的"输入统计"命令，将打开"输入统计"对话框，在其中可以查看当前打字速度、今天最快速度、历史最快速度和今天输入总字数等统计信息，并可以将其中的数据复制到粘贴板使用。

新手加油站

1. 不能使用左、右【Shift】键切换至英文输入

搜狗五笔输入法出现不能使用左、右【Shift】键切换至英文输入时，先打开“搜狗五笔输入法设置”对话框，单击“常规”选项卡，确认在“其他”栏中已单击选中“Shift+字母输入英文时首字母大写”复选框和“显示英文补全提示”单选项，如果还不能切换，则可能是丢失了快捷键。解决方法是打开“搜狗五笔输入法设置”对话框，在“快捷键”选项卡中找到“中英文切换”选项，在右侧的“首选”和“备选”快捷键框中重新设置为左、右【Shift】键即可解决这个问题。

2. 如何删除搜狗五笔输入法候选框中多余的自造词

有时可能因为误输入，造成搜狗五笔输入法自动创建了很多自造词，这样在输入编码后原来的常用字或词并不再是位于第1位，此时就不能按空格键来进行输入，需要选字进行输入，比较麻烦。此时，可以将这些多余的自造词删除，方法是：输入编码后，将鼠标光标移至候选框中多余的词上，此时将自动打开一个下拉列表，选择“删除该词”选项，这样后面的词将自动前移至第1位，以后就可以快速输入所需的词了。

3. 将搜狗五笔输入法默认输入状态设置为中文

新安装的搜狗五笔输入法无论在什么地方启动后总是默认为英文输入状态，要怎么设置成默认是中文输入状态呢？方法很简单：在“搜狗五笔输入法设置”对话框中单击“高级”选项卡，在“启动选项”栏中的“初始输入状态”右侧单击选中“中文”单选项，再保存并应用设置。